中山大學西學東漸文獻整理叢書之明清系列

齊家西學今注

〔意〕高一志　著
〔法〕梅謙立　譚　杰　宋元明　編注

圖書在版編目(CIP)數據

齊家西學今注／(意)高一志著；(法)梅謙立，譚杰，宋元明編注. — 北京：商務印書館，2023
ISBN 978-7-100-21952-5

Ⅰ.①齊… Ⅱ.①高… ②梅… ③譚… ④宋… Ⅲ.①家庭道德－研究－西方國家 Ⅳ.① B823.1

中國國家版本館 CIP 數據核字（2023）第 004355 號

權利保留，侵權必究。

齊家西學今注
〔意〕高一志 著
（法）梅謙立 譚 杰 宋元明 編注

商 務 印 書 館 出 版
（北京王府井大街３６號 郵政編碼 100710）
商 務 印 書 館 發 行
三河市尚藝印裝有限公司印刷
ISBN 978－7－100－21952－5

2023 年 5 月第 1 版　　開本 880×1230　1/32
2023 年 5 月第 1 次印刷　　印張 6 1/2
定價：46.00 元

目　錄

第一部分　《齊家西學》研究 / 1

第一章　《齊家西學》的成書、影響與存世版本 / 3
一、《齊家西學》的成書 / 3
二、《齊家西學》的影響 / 9
三、《齊家西學》的存世版本 / 12

第二章　中西夫婦倫理在晚明的首次相遇 / 16
一、夫婦關係的三個面向 / 17
二、婦之劣性 / 21
三、"擇婦"五戒 / 23
四、婚姻制度、離婚和再婚 / 24
小　結 / 28

第三章　晚明的第六倫？《齊家西學》中的主僕關係 / 30
一、從主奴的政治關係到主僕的倫理關係 / 31
二、不平等的來源與處理方式 / 35
三、主僕之間的倫理關係 / 38
小結：似非而是的第六倫 / 43

第四章　《齊家西學》與晚明西方農學知識的傳入 / 46
一、晚明"治生"思想與《齊家西學》中的地主治農方略 / 48

二、《齊家西學》中的農業技術知識 / 51

小　結 / 58

第二部分《齊家西學》今注 / 61

齊家西學目錄 / 64
齊家西學卷之一 / 68
　　定偶第一章 / 68

　　擇婦第二章 / 71

　　正職第三章 / 74

　　和睦第四章 / 76

　　全和第五章 / 78

　　夫箴第六章 / 81

　　婦箴第七章 / 85

　　偕老第八章 / 90

　　再婚第九章 / 91

齊家西學卷之二 / 96
　　教育之原第一章 / 96

　　育之功第二章 / 99

　　教之主第三章 / 101

　　教之助第四章 / 103

　　教之法第五章 / 105

　　教之翼第六章 / 108

　　學之始第七章 / 110

　　學之次第八章 / 112

潔身第九章 / 115

知恥第十章 / 118

齊家西學卷之三 / 121

緘默第十一章 / 121

言信第十二章 / 123

文學第十三章 / 126

正書第十四章 / 129

西學第十五章 / 132

飲食第十六章 / 136

衣裳第十七章 / 138

寢寐第十八章 / 140

交友第十九章 / 142

閒戲第二十章 / 144

齊家西學卷之四 / 147

僕婢之原第一章 / 147

僕婢之等第二章 / 148

主之職第三章 / 151

主之慈第四章 / 152

主之命第五章 / 153

役之育第六章 / 154

役之教第七章 / 156

役之擇第八章 / 157

役之懲第九章 / 159

懲之法第十章 / 161

役之職第十一章 / 162

齊家西學卷之五 / 166

　　資財第一章 / 166

　　農務第二章 / 168

　　擇田第三章 / 170

　　擇農第四章 / 171

　　農職第五章 / 173

　　治地第六章 / 175

　　播種第七章 / 176

　　種樹第八章　移接附 / 178

　　壅田第九章 / 179

　　水法第十章 / 180

　　貯穀第十一章 / 181

　　養牲第十二章 / 182

　　禽蟲第十三章 / 184

索　引 / 186

參考文獻 / 191

第一部分

《齊家西學》研究

第一章 《齊家西學》的成書、影響與存世版本

譚 杰

一、《齊家西學》的成書

中國儒家傳統包含豐富的家庭倫理論述。"齊家"是儒家經典《大學》"八目"的重要一目,"三綱"中的"父爲子綱""夫爲妻綱"兩綱,以及"五倫"中的"父子""夫婦""長幼"三倫,均可歸入"齊家"範疇。與之相對應,西方同樣十分重視家庭倫理。古希臘時期,家政學是亞里士多德實踐哲學的一個組成部分;中世紀時期,阿奎那繼承了這一區分,將道德哲學分爲個人的(*monastica*)、家政的(*oeconomica*)和政治的(*politica*)三個部分。[1] 這種三分法也成爲之後文藝復興時期倫理學的一個基本共識,正好可對應亞里士多德的《尼各馬可倫理學》《政治學》和當時被視爲其作品、如今則被視作僞作的《家政學》(*Economics*)。[2]

大航海時代之後,以耶穌會士爲代表的西方智識階層在晚明

---

[1] Thomas Aquinas, *Sententia libri Ethicorum*, Liber 1, Lectio 1.
[2] 參見 Charles B. Schmitt ed., *The Cambridge History of Renaissance Philosophy*, Cambridge: Cambridge University Press, 1988, p. 303;高一志著,梅謙立、譚杰、田書峰編注:《修身西學今注》,商務印書館 2019 年版,第 145 頁,注 1。

时期来到中国。利玛窦（Matteo Ricci，1552—1610）等人刻苦学习汉语，很快便接触到中国深厚的伦理传统；中国士人对西方伦理思想亦多有好奇，希望一窥究竟。[1] 高一志（Alfonso Vagnone，1566—1640）与韩霖、段衮等若干中国士人合作，于1637至1640年间在山西绛州（今运城市新绛县）完成的"义礼西学"系列译著，包括《修身西学》《齐家西学》《治平西学》三种，代表了西方伦理和政治思想在中国的首次译介，早于晚清西学东渐两百余年。[2] 观以上三书的标题便知，高一志乃是以中国儒家的"修身齐家治国平天下"传统比附西方伦理和政治思想的三分法传统，基于二者大体上的相似性，这一做法也在情理之中。而其中《齐家西学》一书，便是以中国士人熟知的"齐家"一目来比附西方的家政学传统。

《齐家西学》共五卷，计四万余字。卷一首句明确说明此书包括"夫妇、子女、僕婢、甸徒之四者理"；卷一"齐夫妇"；卷二、卷三"齐童幼"，来自刊刻于1632年、经过文字改进后的两卷本《童幼教育》；卷四"齐僕婢"；卷五"齐产业"。每卷卷首署名的中国士人如下（见表1）[3]：

---

[1] 如高一志在《劝学古言·自引》中便陈述"太乙陈子"之言："西国所尚德、学两端尽之矣，但课学严者，劝学必婉，其嘉言懿训，愿先生拈出作顽钝鍼砭，可乎？"参见李奭学、林熙强主编：《晚明天主教翻译文学笺注》，卷三，台北"中央研究院"文哲研究所2014年版，第5页。

[2] 关于高一志的生平，参见段春生：《晚明耶稣会士高一志生平》，载高一志著，梅谦立编，谭杰校勘：《童幼教育今注》，商务印书馆2017年版，第1—45页；关于晚明绛州中西学者合作著译的历史背景和细节，参见金文兵：《明末地方教化"引耶入儒"的现实考量——耶稣会士高一志晚年译著（1630—1640）背景初探》，载《世界宗教研究》2012年第3期。

[3] 以下表格部分参考了高一志著，梅谦立、谭杰、田书峰编注：《修身西学今注》，第6页。

表 1 《齊家西學》署名中國士人相關信息

籍貫和姓名	署名卷目	相關信息
虞城 楊天精	全五卷	洪洞知縣（1634—1639 年在任）
河東 段衮	全五卷	參與高一志《聖母行實》《童幼教育》《譬學》《神鬼正紀》《四末論》《寰宇始末》《修身西學》； 爲艾儒略（Giulio Aleni，1582—1649）《聖夢歌》作序； 著有《辨教論》
河東 韓霖	全五卷	參與高一志《聖母行實》《童幼教育》《譬學》《神鬼正紀》《四末論》《修身西學》； 參與費樂德（Rodrigo de Figueiredo，1592—1642）《念經勸》、羅雅谷（Giacomo Rho，1598—1632）《齋克》，爲《童幼教育》作序； 著有《辨教論》《鐸書》《聖教信證》《守圉全書》等
河東 衛斗樞	卷一、卷四	參與高一志《寰宇始末》《修身西學》； 參與金尼閣（Nicolas Trigault，1577—1628）《西儒耳目資》、羅雅谷《測量全義》
河東 陳所性	卷四、卷五	參與高一志《聖母行實》《勵學古言》《空際格致》《四末論》

　　與《修身西學》十卷共十名地方官員和鄉紳分別領銜署名不同，《齊家西學》五卷全部由洪洞知縣楊天精領銜署名。楊天精的故里歸德府（今河南商丘）是中原地區文教重鎮，以社學聞名，其在洪洞知縣任上最爲知名的業績也是建立社學，從事地方教化，教育民間子弟。此外，絳州知州雷翀在 1635 年張布《絳州正堂雷翀爲尊天辟邪事告示》，極爲罕見地在官方層面支持天主教。[1] "修身"和"齊家"顯然都是社學的核心內容，因此楊天精領銜署名《齊家西學》，可能是希望藉助知州所讚許的西儒和西學，爲儒家

---

[1] 關於這一告示的具體內容，參見高一志著，梅謙立編注，譚杰校勘：《童幼教育今注》，第 242—243 頁。

地方教化提供另類選擇。[1]

　　與《修身西學》類似，作爲知縣的楊天精可能同樣僅領銜署名以示支持，實際著譯工作由餘下四人完成。這可以由改編自《童幼教育》卷二和卷三之卷首分別有楊天精領銜署名，而原本刊刻於 1632 年的《童幼教育》上下卷並無其署名這一事實部分得到證明。四位地方士人顯然都是絳州地方合作著譯士人的主力，與高一志和其他耶穌會士合作完成了多部著作。四人之中，韓霖和段袞可確知已受洗入教，雖無明確文獻證據，衛斗樞和陳所性很可能也已受洗入教。

　　耶穌會向來有書籍審查的傳統，1623 年，中國傳教區獲得審查權，此後刊印的書籍，均需獲得中國教區審查通過。一般一部書僅有一組審查團隊，由於收入了文字改進後的《童幼教育》，《齊家西學》的審查在同時期同類西學書籍中極爲罕見：全書封面之後有"耶穌會中同學黎寧石、陽瑪諾、伏若望共訂，值會傅汎際准"字樣，卷二目錄之後又有"耶穌會中同學費奇規、龍華民、鄧玉函共訂，值會陽瑪諾准"字樣，而後者爲《童幼教育》刊印時的審查團隊。

　　《齊家西學》文本並未明示成書和刊刻年份。卷一首句"修身之學備矣，次以齊家"表明，《齊家西學》的成書應在《修身西學》之後。由《修身西學》署名合作人士的履歷可推定，《修身西學》成書和刊刻於 1637 年之後；由《齊家西學》共訂人之一伏若望（João Frois, 1591—1638）於 1638 年逝世可推定，《齊家西學》

---

[1] 參見金文兵：《明末地方教化"引耶入儒"的現實考量——耶穌會士高一志晚年譯著（1630—1640）背景初探》，第 99—100 頁；金文兵：《高一志與明末西學東傳研究》，廈門大學出版社 2015 年版，第 156—171 頁。

成書於1638年之前。[1] 由以上的信息可以合理地推論,《齊家西學》成書於1637至1638年間。至於此書是否在1638年之前刊刻,目前無法推知。

同在"義禮西學"系列之中、早於《齊家西學》出版的《童幼教育》《修身西學》,參考了多於一部西文和中文著作:《童幼教育》參考了四部西文著作和一部中文著作[2],《修身西學》參考了兩部西文著作和一部中文著作[3]。《齊家西學》所參考西文和中文著作,同樣應多於一部。

在全書大體結構方面,《齊家西學》應同時參考了西文和中文著作。在西文著作方面,高一志可能參考了意大利學者色塔拉(Ludovico Settala 或 Ludovicus Septalius,1550—1633)的《家庭原則》(De ratione familiae,1626)[4]。色塔拉在米蘭耶穌會布雷拉公學(Brera College)修完中學課程後赴帕杜瓦大學(Universitas Studii Paduani)學習,畢業後回到米蘭,成爲著名的醫生。除了醫學著作之外,他晚年撰寫了兩本倫理著作,即《家庭原則》和《國家原則》(De ratione status,1627)。高一志奔赴東方前曾在米

---

[1] 參見高一志著,梅謙立、譚杰、田書峰編注:《修身西學今注》,第8—9頁。

[2] 參見高一志著,梅謙立、譚杰、田書峰編注:《修身西學今注》,第85—137頁;梅謙立:《晚明中國的文藝復興教育——關於耶穌會士高一志〈童幼教育〉的初步研究》,載《廣東社會科學》2014年第6期。

[3] 參見高一志著,梅謙立、譚杰、田書峰編注:《修身西學今注》,第23—71頁;梅謙立:《晚明中西倫理學的相遇——從〈尼各馬可倫理學〉到高一志的〈修身西學〉》,載《"中央研究院"中國文哲研究所集刊》第39期,2011年,第103—145頁;譚杰:《西方倫理學的首次系統傳入——高一志〈修身西學〉之來源再探》,載《國際漢學》2019年第4期。

[4] Ludovico Settala, De ratione familiae, Ulm: Jo. Frid. Gaum, 1755.

蘭耶穌會布雷拉公學任教數年（1597—1603）[1]，較色塔拉在這所學校讀書的時間要晚數十年，但在米蘭可能跟色塔拉有來往。高一志於1603年離開歐洲後終生未返，因此不可能在歐洲獲得這本書，應是經由他人將其攜帶至絳州得見。《家庭原則》共五卷，第一卷爲總論，第二卷論夫婦關係，第三卷論兒童教育，第四卷論主僕關係，第五卷論家庭理財。第二卷至第五卷的主題，與《齊家西學》的四個主題基本相同。[2]

在中文著作方面，高一志可能參考了儒家傳統中的家訓類著作。家訓是傳統宗族社會中仕宦通過通俗的文字訓誡子孫後代一類文體。明代以前即有李世民《帝範》和顏之推《顏氏家訓》等帝王和士大夫的著名家訓流傳；明清兩代，由於經濟和印刷技術發展，普通仕宦亦留下不少家訓，是中國家訓史的高峰期。目前所見的明代家訓有28部，占到漫長的帝制時期家訓總數（117部）的23%。明代家訓的內容，通常包括修身、齊家、治生、治學、治世等多個部分，其中"齊家"部分會論及夫妻、父子、兄弟三倫，"治生"部分則會論及馭下（治理家僕）、聚財、耕讀等內容。[3] "齊家"部分的夫妻、父子二倫，以及"治生"部分的馭下（治理家僕）、耕讀，大致可以依次對應《齊家西學》的四個主題。

---

[1] 參見高一志著，梅謙立編注、譚杰校勘：《童幼教育今注》，第3頁。高一志在布雷拉公學教授人文學、哲學和神學的課程，當時可能自己編輯了教材，並在此後帶到了中國，使用教材部分內容來撰寫其中文著作。1618—1624年居於澳門期間，他可以使用澳門耶穌會圖書館藏書撰寫著作。

[2] 參見金文兵：《高一志與明末西學東傳研究》，第176—177頁；Ludovico Settala, De ratione familiae.

[3] 參見郭同軒：《明代仕宦家訓思想研究》，山西師範大學碩士學位論文，2016年。

在書中的具體內容方面，《齊家西學》同樣應同時參考了西文和中文著作。色塔拉的《家庭原則》是一個可能的西學來源[1]，但應並非是唯一的西學來源。在中文著作方面，高一志主要參考了自己的兩部著作《童幼教育》和《達道紀言》。第一卷"齊夫婦"引述了大量西方格言和故事，其中有17條來自高一志與韓雲、和鼎合作，於1636年刊刻的《達道紀言》[2]。此書以儒家五倫爲分類標準，收集了355條格言和故事，其中"夫婦"一倫共收集23條格言與故事。作爲格言和故事集，《達道紀言》本來即可能爲進一步的倫理寫作而編寫，《齊家西學》第一卷"齊夫婦"幾乎全數采用《達道紀言》"夫婦"一倫中的格言與故事，也在情理之中。此外，第二、三卷"齊童幼"則由兩卷本《童幼教育》經過文字改進而來。

二、《齊家西學》的影響

與《修身西學》類似，《齊家西學》目前所見的影響，也在於其主要的合作者之一韓霖所著的《鐸書》。刊刻於高一志逝世之後一年（1641年）的《鐸書》，乃是面向普通民衆宣講明太祖《聖

---

[1] 金文兵將高一志的《齊家西學》與色塔拉的《家庭原則》（他翻譯爲《齊家論》）進行比較，通過兩本書章節標題的對比，簡單討論了二者的相似之處。參見金文兵：《高一志與明末西學東傳研究》，第177—180頁。本書第二部分將通過注釋詳細注出《齊家西學》（主要是第一卷和第四卷）借鑒自《家庭原則》之處。

[2] 此書的校注版參見 Sher-shiueh Li and Thierry Meynard, *Jesuit Chreia in Late Ming China: Two Studies with an Annotated Translation of Alfonso Vagnone's Illustrations of the Grand Dao*, Bern: Peter Lang, 2014。

諭六言》的道德教化之作。《鐸書》依照"聖諭六言"分爲六篇，依次講解孝順父母、尊敬長上、和睦鄉里、教訓子孫、各安生理、毋作非爲。由於是向普通民衆宣講道理，文字較爲淺白。與明末民間三教合一的趨勢相合，此書廣泛征引儒釋道三教和民間宗教思想來講解"聖諭六言"，較爲奇特之處在於，在三教之外，韓霖亦大量徵引當時西人的著述和思想，其中便包括高一志的《童幼教育》《修身西學》《齊家西學》等書。[1]

在第四篇"教訓子孫"部分，韓霖在花費大量篇幅引述"西儒高則聖先生有《教童幼書》"（即高一志《童幼教育》）幾乎全部核心教誨後，以《齊家西學》作結："父師所當斟酌其中也，其詳具《齊家西學》中。"接下來一個段落是關於子孫長大以後的婚姻的訓誡，韓霖在段末簡短提道："夫婦正道，《齊家西學》言之甚詳，而切要之語曰：'其夫不知有他婦，其婦不知有他夫'。"[2] 這顯然化用了《齊家西學》第一卷第五章"夫不識他婦，婦不識他夫"之説。

緊接着關於子孫婚姻之後的一大段內容，乃是通過對《周易》家人卦的分析闡述男女家教。[3] 在此之後，韓霖接着寫道，"若使令僕役，亦教訓子孫之類也"，並在引述《齊家西學》第四卷第一章"愚役智，貧役富，弱役强"之語證明主僕秩序後，援引《齊家西學》第四卷"齊僕婢"大量內容，以六百餘字的篇幅談論慈愛、和緩、教誨、責罰、防閑、裁減六種"使令僕役"之道。兩

---

[1] 關於《鐸書》對《修身西學》的引述，參見高一志著，梅謙立、譚杰、田書峰編注：《修身西學今注》，第 10 頁。
[2] 參見韓霖著，孫尚揚、肖清和等校注：《〈鐸書〉校注》，華夏出版社 2008 年版，第 102—111 頁。
[3] 參見韓霖著，孫尚揚、肖清和等校注：《〈鐸書〉校注》，第 112—117 頁。

書的文字對比顯示,"慈愛"部分來自第四卷"主之慈第四章","和緩"部分來自第四卷"主之命第五章","教誨"部分來自第四卷"役之教第七章","責罰"部分來自第四卷"役之懲第九章"和"懲之法第十章",其中部分段落絲毫未改,或僅改動兩三字,直接挪用。[1] 餘下"防閒""裁減"兩個部分則不見於《齊家西學》第四卷,應來源於中國本土思想。[2]

韓霖此處的提法並不錯:《齊家西學》第二、三卷内容,正是經過文字改進後的兩卷本《童幼教育》。這一大段關於童幼教育的内容,確可視作同時引述了《童幼教育》全書和《齊家西學》第二、三卷内容。接下來關於子孫婚姻的部分,韓霖並未發揮《齊家西學》第一卷"齊夫婦"的内容,只是稍加提及。至於將使令僕役亦視爲"教訓子孫之類",並大量宣講《齊家西學》第四卷"齊僕婢",雖然有些文不對題,倒也不算太離譜,畢竟在以父家長爲中心的傳統家庭權力結構中,子孫和僕役都是被統治、被"教訓"者。

《齊家西學》成書之後不久,絳州即經歷了闖王兵亂,加之中國的文化中心自南宋起已逐漸南移,這或許可以部分解釋,儘管《齊家西學》爭取到當地的官方支持,除了《鐸書》之外,《齊家西學》在成書後至 20 世紀末的三百餘年間,一直塵封於亞歐大陸東西兩端的數個圖書館,未見任何其他影響。

---

[1] 參見韓霖著,孫尚揚、肖清和等校注:《〈鐸書〉校注》,第 117—119 頁。
[2] 關於《齊家西學》對《鐸書》的影響,另可參見王申:〈家學天主教化:明清時期西方齊家學在中國的傳播——以〈齊家西學〉和〈家學淺論〉爲中心〉,載《宜春學院學報》2019 年第 1 期。

三、《齊家西學》的存世版本

目前所知的《齊家西學》存世版本收藏情況如下[1]：

➢ 羅馬耶穌會檔案館（ARSI）所藏、編號爲 Jap.Sin.I 64 的藏本。陳綸緒（Albert Chan，1915—2005）早前對這一藏本有過描述。[2] 如今這一藏本的掃描版已可由檔案館官網下載。

➢ 法國國家圖書館（BnF）所藏、編號爲 Chinois 3398 的藏本。這一藏本後三卷在先，前兩卷在後。這一藏本早前由鍾鳴旦（Nicolas Standaert）影印出版。[3] 如今這一藏本的掃描版已可由圖書館官網下載。

➢ 梵蒂岡圖書館（BAV）所藏、編號爲 Raccolta Generale Oriente, III, 217 的藏本。伯希和（Paul Pelliot，1878—1945）早前對這一藏本有過描述。[4] 這一藏本由張西平影印出版。[5]

➢ 梵蒂岡圖書館（BAV）所藏、編號爲 Borgia Cinese,

---

[1] 以下版本信息部分參考了 CCT database：http://www.arts.kuleuven.be/sinology/cct/cct.htm；金文兵：《高一志與明末西學東傳研究》，第 151—154 頁。

[2] 參見 Albert Chan, *Chinese Books and Documents in the Jesuit Archives in Rome: A Descriptive Catalogue*, New York: M. E. Sharpe, 2002, pp. 118-119。

[3] 參見鍾鳴旦等編：《法國國家圖書館明清天主教文獻》，利氏學社 2009 年版，第二册，第 1—158 頁。此書僅影印了該藏本後三卷。

[4] 參見伯希和編、高田時雄校訂、補編，郭可譯：《梵蒂岡圖書館所藏漢籍目錄》，中華書局 2006 年版，第 104 頁。

[5] 參見張西平等編：《梵蒂岡圖書館藏明清中西文化交流史文獻叢刊》（第一輯），大象出版社 2014 年版，第 21 册，第 1—282 頁。

350.5 的藏本。根據伯希和的描述[1]，這一藏本僅包含前兩卷。據張西平前引書的描述，這一殘本與同一館藏的上一全本係同一刻本。[2]

➢ 徐家匯藏書樓所藏、編號爲 049R 的藏本。這一藏本僅包含前兩卷，已由鍾鳴旦等人影印出版。[3]

➢ 維克托·伊曼紐爾二世國家中央圖書館（羅馬）（Biblioteca Nazionale Centrale Vittorio Emanuele II, Rome）所藏、編號爲 72 C, 493 的藏本。暫時無法見到這一藏本。

經比對，ARSI 藏本、BnF 藏本、BAV 藏本全本和徐家匯藏本殘本的正文內容完全相同，但在目錄方面有細微的差別：BnF 藏本在第一卷正文前有一個完整的全書目錄；ARSI 藏本、BAV 藏本全本和徐家匯藏本殘本無全書完整目錄，在每一卷正文前有本卷目錄（其中徐家匯藏本殘本第一卷目錄爲手抄，可能刻本目錄已遺失）。經比對，處於不同位置的兩種目錄，內容和形式完全相同，甚至包括目錄中的四個"不和諧"之處：第一，第五卷第八章標題，目錄中爲"樹植第八章"，正文中則爲"種樹第八章　移接附"；第二，第二卷目錄末尾保留了《童幼教育》的書籍審查團隊；第三，第二卷目錄未在"XX 第 X 章"（如緘默第十一章）前空格，其他四卷目錄則均於其中有空格；第四，第二、三卷目錄

---

[1] 參見伯希和編，高田時雄校訂、補編，郭可譯：《梵蒂岡圖書館所藏漢籍目錄》，第 51 頁。

[2] 參見張西平等編：《梵蒂岡圖書館藏明清中西文化交流史文獻叢刊》（第一輯），第 21 冊，第 3 頁。

[3] 參見鍾鳴旦、杜鼎克（Ad Dudink）、黃一農、祝平一等編：《徐家匯藏書樓明清天主教文獻》，方濟出版社 1996 年版，第二卷，第 491—598 頁。

書口文字爲"齊家西學目錄",其他三卷書口文字則爲"齊家西學"。此外,在正文書口文字方面,第二卷與其他四卷有明顯差異:第二卷爲"齊家西學卷二",其他四卷則爲"齊家西學第 X 卷"。上述目錄中的後三個"不和諧"之處,以及第二卷正文書口文字的差異,似乎表明,《齊家西學》五卷應並非統一刊刻(至少第二、三卷可能獨立於另外三卷刊刻),因此各卷目錄的本來面貌應如 ARSI 藏本等三個藏本所示,附於各卷正文之前,而 BnF 藏本的全書目錄,可能是圖書館工作人員或其他人加以整理的結果。由於暫時沒有機會親赴歐洲圖書館查看藏本原本的物理細節,這一推論無法得到最終的驗證。

目前並未見到除此之外的其他版本,這一刻本很可能是《齊家西學》的唯一存世版本。這一刻本首頁注明"古絳景教堂藏板",無序,正文每半頁九行,每行二十字,書口無魚尾,與《修身西學》版式完全相同。本書第二部分的《齊家西學》正文,即以此一刻本爲底本整理而來。爲了與現代書籍版式相統一,本書第二部分依照 BnF 藏本,將全書完整目錄置於正文之前。

此外,《齊家西學》第二、三卷與《童幼教育》之間的文本對比顯示,前者較之後者的改動,主要在於文字表達的簡練,如虛詞的刪減、冗餘表達的刪除、臨近句中實詞的合并等,絕大部分句子的意義均未發生實質變化,僅有少量句子表達有較大改動,或一些句子被整句刪去。由於我們早前出版的《童幼教育今注》已爲《童幼教育》提供了詳細的注釋與研究,本書第二部分《齊家西學》第二、三卷的注釋本,不再重複呈現相關的研究,僅以注釋的形式說明《齊家西學》較之《童幼教育》改動較大的字句。對這兩卷文本感興趣的讀者,請進一步參考我們於 2017 年在商務印書館出版的《童幼教育今注》。

最後,《齊家西學》有兩個不包含注釋和研究的現代點校本,均於 2013 年出版。[1] 本書第二部分《齊家西學》的點校,亦參考了這兩個現代點校本。

---

[1] 參見黃興濤等編:《明清之際西學文本——50 種重要文獻彙編》,第二冊,中華書局 2013 年版,第 511—575 頁;周振鶴編:《明清之際西方传教士汉籍叢刊(第一輯)》,第二冊,鳳凰出版社 2013 年版,第 387—505 頁。

第二章　中西夫婦倫理在晚明的首次相遇

譚　杰

夫婦關係是家庭倫理的起點。《齊家西學》首卷主要討論夫婦關係。與第二至四卷類似，這一卷主要采用"證道故事"（*exemplum*）的寫作方式，通常首先陳述某一具體的倫理道理，然後以大量短小精練的格言和故事來闡明這一道理（第五卷的主題是"齊產業"，與前四卷的倫理主題迥異，自然便無法沿用這一寫作方式）。這種寫作方式可追溯至歐洲文藝復興時期的人文主義（humanistic）倫理學傳統，與之相對應則是《修身西學》所代表的經院（scholastic）倫理學傳統。晚明時期，與經院倫理學譯著僅有《修身西學》一部不同，人文主義倫理學譯著達十餘部之多，其中高一志貢獻良多。除《齊家西學》外，高一志的《童幼教育》《治平西學》《譬學》《勵學古言》《達道紀言》等均屬此類；利瑪竇《交友論》、金尼閣《況義》等亦屬此類。傳教士偏愛人文主義倫理學，乃是因其注意到，這一傳統與先秦經典以格言和故事證道的傳統具有相似性。筆者另有專文對此進行詳細分析，此處不再贅述。[1]

---

[1]　參見譚杰：《中西德性教育思想的融合——晚明傳教士高一志德性教育思想研究》，載《現代大學教育》2018年第4期；譚杰：《文藝復興倫理學思想在晚明的譯介》，載陶飛亞主編：《宗教與歷史》（第十三輯），社會科學文獻出版社2020年版，第119—145頁。

一、夫婦關係的三個面向

在前現代時期世界各地的文化中,男性優於女性、男性統領女性,通常被視作自然的、無需質疑的事實和規範,文藝復興時期的歐洲世界(和晚明中國)並不例外,繼承了文藝復興倫理思想的《齊家西學》第一卷(和全書)同樣如此。"自然的事實"顯然無需系統的論證作爲支撐,《齊家西學》人文主義式的寫作,也無需如《天主實義》《修身西學》一般倚賴經院式的概念和論證。但第一卷中關於夫婦關係的大量論述,却可以視作爲這一"自然的事實"提供了各種角度的依據。這些論述所闡發的夫婦關係,可歸爲三個面向:夫令婦從,夫婦親和,忌私愛。

首先看"夫令婦從"。高一志爲"夫令婦從"提供的依據,主要來自夫婦關係與自然和人類現象的比擬。將夫婦關係比擬於日月關係,在第一卷共出現五次之多:

> 又譬如日月,月主陰,澤下物,光力悉借諸日,倘掩日,非待失其光,且致諸物乖亂;婦之尊榮權力,全係于夫,苟乘勢擅權,必將失榮亂室矣。(第一卷第三章)

> 夫婦之道,如日月之會,爲近遠,未嘗違黃赤二道。日恒施光,月恒接之,因以爲美,遇地影蝕而醜矣。夫婦相從相愛,或近或遠,無不光美;淫邪中,隔榮失和,傷矣。(第一卷第五章)

> 喻分者,夫婦有定位,越分侵職,失和之繇也。日司乎陽,月司乎陰,躔次度數不忒,時序流行焉,萬物生育焉。

（第一卷第五章）

　　　夫于其婦，敬之厚之，非特安其心，養其志，且使澤一家也。如日之照月，光輝盛滿，萬物豐矣。（第一卷第六章）

　　　月會日時，絕不見，少離少見，正對光滿矣。賢婦反是，對夫則可見，去夫遠，隱愈浹矣。（第一卷第七章）

　　在西方古代傳統中，將夫婦比于日月，最早可追溯到普魯塔克（Plutarch，46—125）的《道德小品》（*Moralia*）。"夫令婦從"的觀念，通過日月之間的關係，從不同的側面得到解釋與闡發：由于月承日光，夫應主婦（第三章）；與日月之間有定分類似，夫婦以定分相處則和睦，逾分則失和（第五章）；同樣由于日照月，夫應善待婦（第六章）；最後，正如普魯塔克所論，與月離日則光滿相反，婦離夫時應深居閨中，毋好游（第七章）。

　　除日月關係外，酒水中酒與水之間的關係亦能說明"夫令婦從"："古博學之士布路大嘗曰：婦雖貴且尊，一室之權，悉係于夫也。正如酒與水合，酒爲主，存色與力，以爲宴會之需矣。"（第一卷第三章）這一同樣來自普魯塔克的《道德小品》的比擬，在原文中主要依賴酒水中以酒爲主這一點來闡發夫管理家庭財產的合理性，高一志則借題發揮，借此進一步闡發"一室之權，悉係于夫"之道。

　　最後一種比擬來自"陰陽"這一中國傳統："然外內雖各爲主，而女陰男陽，婦必從夫，以爲起居之表焉。"（第一卷第三章）對於中國士人來說，這種依據應更有親近感。

　　再看"夫婦親和"。關於這一夫婦關係的依據主要有兩種。第一種依據在於聖經和歷史方面："造物主初造一男，遂取男一脇骨,造一女爲配,是萬民之宗祖也。夫尊于婦,乃造以撮土;婦卑于夫,反造以夫脅,非明示以宜相親和如一體也哉?造畢,命之曰:'二人一體,不得休離他適。'聖保禄詳主旨曰:'夫視婦,宜如肢躰眷顧之;婦視夫,宜如元首尊崇之。其道非和不立,家非和不齊也。'"(第一卷第四章)此處援引《聖經》關於上帝最初造人的記載和保禄的教誨。由於彼時西方的歷史觀以基督宗教神學爲底色,聖經和歷史的解釋合而爲一。值得一提的是,高一志没有直接提及亞當和夏娃的名字,也没有限定人類的來歷,這種較爲籠統的表述,中國人可能更易於接受。

　　第二種依據同樣來自夫婦關係與人類現象的比擬。除了上引文聖保禄言中被視作頭和肢體的關係之外,夫婦關係還被比擬爲雙目之間的關係:"夫婦之和如目,二目從一筋而具,雖分左右,然啓閉、上下、寤寐,無時不合也。"(第一卷第四章)這一説法也可以見于高一志稍早的作品《譬學》。此外,夫婦親和也被比擬爲中國傳統中的琴瑟之和:"觀琴瑟之絃須調,可證夫婦之行須和矣","夫婦一體,雖職别外内,志向惟一,然後成琴瑟之和焉"。(第一卷第四章)

　　以上征引的段落同時表明,一再得到强調的"夫婦親和"觀,有一定的秩序。這一點集中體現在以下段落中:"蓋夫之德成以三:和于主,和于人,和于己,而和于主爲首。婦之賢亦成以三:和于夫,和于子,和于鄰,而和于夫爲首也。"(第一卷第四章)一旦認識到"夫婦親和"也須體現和貫徹"夫令婦從",這一點便十分自然了。

　　最後看"忌私愛"。受浪漫主義影響將愛情視作婚姻的一個必不可少的部分的當代人,或許會驚訝於《齊家西學》第一卷對夫婦之情的壓抑。儘管高一志從夫婦親和的角度承認"夫婦無情，一生不寧"（第一卷第四章），但同時認爲"人情易變，朝愛暮憎，暮愛朝憎，不自知也"（第一卷第五章）。夫對婦之情，應"以節以敬"，相敬如賓，忌嬉；還應"忌私愛"，否則會導致婦爲所欲爲，夫忘本敗政（第一卷第六章）。基督宗教十誡之一是"毋行邪淫"，教會認爲婚姻最重要的功能在於生育。基於此，《齊家西學》對夫婦之情的壓制，其來有自。

儒家關於"夫婦"一倫最爲經典的表述來自《周易·家人卦》："夫夫婦婦，而家道正。夫義婦順，家之福也。"在"夫義婦順"的基本等級結構之下，明代儒家亦强調爲夫者應善待妻子。[1] 理學家"存天理，滅人慾"的提倡，以及儒家觀念中孝父母相對于愛妻的潛在優先性，也壓制了夫婦之情在夫婦關係中的可能空間。明人張鵬翼即反對"私妻子"："親生我養我也，我慕我愛，無可解於終身也；妻匹我事我也，我慕我愛，亦無解。則情分而孝衰也。然則妻當不愛與？妻隨夫轉，夫云亦云，則合愛同敬以悦親，此其妻可愛也。夫隨妻轉，妻云亦云，則棄禮徇私以拂親，此其人不謂之樂妻孥，而謂之私妻子矣。"[2] 夫婦間相敬如賓、（婦爲夫）舉案齊眉，是儒家夫婦關係的典型形象。因此，就儒家主流意識形態來看，《齊家西學》所提倡的夫令婦從、夫婦親和、忌私愛的夫婦關係，與儒家是基本一致的。

然而晚明亦有另一個"重情"的思潮。呂坤（1536—1618）

---

[1] 參見王瑜：《明清士紳家訓研究》，華中師範大學博士學位論文，2007年，第23—25頁；郭同軒：《明代仕宦家訓思想研究》，第40—42頁。
[2] 參見張鵬翼：《孝傳第一書》，《課子隨筆鈔》卷三，載《叢書集成續編》第61卷，新文豐出版公司1988年版，第61頁。

的女教著作《閨範》，在《烈女傳》等經典倡導的貞節烈婦的主流傳統之外，塑造了"詩女""文學之婦"這一新的獨立類別，使得"女才"成爲評價女性和理想妻子的標準之一。《西廂記》《牡丹亭》促進了女性對夫婦之情的浪漫期待，這種期待與"女才"教育一同，皆與傳統婚姻對女性相夫教子的角色要求相牴牾，身處其中的女性的矛盾和挣扎，是以葉紈紈（1610—1632）《愁言》爲代表的女性文學的一個突出主題。由羅汝芳（1515—1588）的弟子馮夢龍（1574—1646）所輯的《情史》，更是突破了以理規範情的理學框架，倡導情爲理維，情定姻緣。[1] 由於史料的闕如，我們暫時無法得知，一生浸淫於儒家主流經典的高一志，是否曾接觸到這一思潮。然而可以確定的是，《齊家西學》對夫婦之情的壓制，顯然與晚明的"重情"思潮相牴牾。

二、婦之劣性

倫理學向來有基於人性闡述道德教誨的傳統。在《齊家西學》第一卷所論的夫婦倫理中，男女之性的差異和共性，是一個有趣的主題。縱觀第一卷全文，唯有一處陳述了同作爲人的男女的共性："女性虛弱易怒，夫性聰剛亦易怒"（第一卷第五章）。這一章的主題是傷害夫婦親和之"四端"，此處意在闡明，男女皆易怒——雖然原因不同，女性在於虛弱，男性則在於聰剛，都應努力控制忿怒。對於人易怒的本性，高一志提倡以"以忍迎，以默

---

[1] 參見奚麗芳：《明代中後期情與兩性、婚姻關係研究》，浙江大學博士學位論文，2017年。

抵，以善處"（第一卷第五章）。其中的具有神學意涵的"默"之美德，在稍後關於"婦箴"之"毋多言"部分以"緘默"之名被再次提及（第一卷第七章），並在後文"齊童幼"部分的第三卷第十一章三度出現。

第一卷更爲常見的是婦之劣性的多處論述：

> 蓋婦性易怒、易妒、多疑、多慾，一已難治，何況于多？（第一卷第一章）
> 婦者亂倪、禍胎，難服之屬，難免之畜也。（第一卷第一章）
> 婦性好勝、好自主，遇夫之懦，必駕其上矣。（第一卷第六章）
> 婦女之性，喜新輕言，不知密秘，以傳聞爲快。（第一卷第六章）
> 婦性甚狡，誘夫從己，必恃愛情取信，既獲寵信，然後惟所欲爲也。（第一卷第六章）
> 婦性彌短于力，彌長于舌。（第一卷第七章）
> 婦人未經積財之苦，未試年老之難，迷于華麗之餙，費出无經。（第一卷第七章）

不同章節所陳述的不同的婦之劣性，顯然是爲了解釋不同的道德教誨。第一章兩處陳述婦性之難治，意在論證一夫一妻制的合理性；第六章"夫箴"三處陳述婦性好勝、輕言、甚狡，乃是依次爲了說明夫應忌懦弱、泄密事、私愛；第七章"婦箴"兩處陳述婦性長舌、奢侈，則是爲了闡明婦毋多言、好奢。

結合上一節所論，《齊家西學》第一卷關於婦之劣性的描述，與其所提倡的"夫令婦從"是相協調的,也能夠解釋其對夫婦之情的壓制:如果婦有各種劣性,夫與婦之間便沒有理由發展情,婦應在"夫令婦從"的權力結構中舉案齊眉,勤於生育。這或許能夠與主流儒家關於女性"女子無才便是德"的看法大致相合,但與明代中後期俗文學中"文學之婦"的形象和女性關於自我價值的期許相牴牾。

最後,由第一卷關於婦之劣性的多處描述,我們可以窺見第一卷"齊夫婦"(以及全書)所隱含的作爲一家之主的男性中心視角。這種男性中心視角是多重的:寫作者是男性,預設的讀者是男性,關於夫婦之間各種交涉和利益的考量,也基本是以男性爲中心的。這與"夫令婦從"的夫婦關係是相協調的,也可以解釋何以書中所列均爲"婦之劣性",少有夫之(良或劣)性。從這一男性中心視角出發,本文接下來將討論的"擇婦"、離婚與再婚,就自然構成了夫婦倫理的重要主題。

三、"擇婦"五戒

由一家之主的男性視角出發,"擇婦"(而非"擇夫")問題顯然是一個重要的家庭倫理問題。《齊家西學》第一卷第二章"擇婦"集中討論這一問題。這一章列出了"擇婦"之五戒:勿貧富不等,勿年齒不齊,勿娶病弱,婦不慾太慧、不慾太癡,非賢勿娶。這五戒又大致可分爲兩類。第二戒和第三戒關乎女性的生育能力:年齡太大或太小,以及婦之病弱,皆不利於生育。剩餘三戒則主要關乎夫婦關係:夫婦貧富不等、婦太慧或太癡、婦不賢,可能會危及夫令婦從的權力結構（或夫的統治地位），也可能傷害夫婦之和。

明代儒家同樣重視"選妻"。開國皇帝朱元璋（1328—1398）在官方文件中對此有專門論述，提倡早婚。對於朱元璋的提倡，仕宦有自己的考慮，著名的《龐氏家訓》便提倡："男女議婚，必待十三歲以上方許行聘禮，恐世事變更，終有後悔。"[1] 此外，作爲"賢內助"的角色，婦之賢是"選妻"時的重要考量要素，對此的考察是經由對婦家之出身，即婦家的家風家教的考察來進行的。[2]

對比《齊家西學》和明代儒家的"擇婦"觀，二者皆表達了對婦的合適年齡和婦之賢的關注。對女性合適年齡的關注似乎出於不同的考慮：《齊家西學》的考慮在於女性的生育能力，儒家的考慮則在於"世事變更"對婚姻的可能影響。關於婦之賢的論述也呈現出不同的側重點：儘管二者皆強調婦之賢對於夫婦關係的重要影響，儒家特別強調門當户對和婦之出身。中西皆將生育視作婚姻最重要的功能，何以《齊家西學》在談論"擇婦"時格外強調女性的生育能力？原因或許在於西方一夫一妻無妾制下男性沒有額外的生育女性選擇，而一夫一妻多妾制則賦予中國男性更多的生育女性選擇。

四、婚姻制度、離婚和再婚

《齊家西學》第一卷首章明確提倡一夫一妻無妾制，明言"有

---

[1] 參見龐尚鵬：《龐氏家訓·尊禮度》，中華書局1985年版，第4頁。
[2] 參見郭同軒：《明代仕宦家訓思想研究》，第42—44頁。

妻復娶妾，正則乖矣"（第一卷第一章）。這一章提出了支持這種制度的四個論證。第一個論證訴諸《聖經》記載關於人的由來的歷史："蓋造物主從太初時定之矣。厥初生人，止一男一女，配為夫婦，令傳類為萬民宗祖，伉儷實定于此。夫開闢之初，生人最急，胡不多婦而一止配一？蓋正則宜如此爾。"（第一卷第一章）第二個論證引述中國的陰陽宇宙觀，論證與宇宙類似的家庭應仿照一陰一陽的宇宙秩序。第三個論證訴諸一夫多婦的糟糕後果：由於婦之劣性造成的家庭失和。第四個論證則引述多則古希臘羅馬的格言和故事，闡明（即使是健康的）婦女和婚姻對於男性個人完善的妨害："一妻不惡，尚減良夫之福；多婦不賢，福寧有幾哉？"（第一卷第一章）

除一夫一妻無妾制之外，基督宗教婚姻制度的另一特色在於對離婚的嚴格禁止。第一卷第八章提出了禁止離婚的兩種論證。第一個論證訴諸《聖經》關於夫婦"偕老不離"的記載。即使《聖經》規定，"婦蒙不潔，失婦義"可以作為唯一的例外情況，高一志仍提倡夫婦在分榻的同時堅持守節，以待復和。第二個論證則訴諸離婚導致的"家業潰敗"的後果。

接下來的第九章討論喪偶再婚的問題，認為喪偶再婚雖然"弗犯上主之命"，但是"不復婚者，節更高矣"（第一卷第九章）。這一章提出的論證主要可歸為三點：第一，引述《聖經》闡明"守節之貞"相比於再婚能獲得更多回報；第二，呼應首章，重述婚姻之苦；第三，復婚乃是沉迷於慾望之舉。

在論證了守貞"節更高"之後，高一志最終網開一面，規定有"無後"和"苦於日用"的"妙年"兩種情況者可以再婚（第一卷第九章）。事實上，對於後一種情況而言，由於天主和國家對守貞者多有照顧,並不需再婚以補貼日用。對於前一種情況而言,再婚似乎亦很難達到目的:"再婚求後,能必再婚必生育乎?生育矣,能保其必存乎?存矣,能保其克肖乎?數者一不如意,悔何及哉!"(第一卷第九章)最終,雖然高一志明言其所論"非以貶再婚",讀者即使滿足以上兩種情況,恐怕也會放棄再婚,傾向於守貞了。

以基督宗教爲底色的一夫一妻無妾的婚姻制度,與晚明中國的一夫一妻多妾制及其實踐有明顯不同。明代社會,富貴人家納妾相當普遍,除迷於色相之外,一個重要的原因是男性絕嗣的壓力。自明末入華以來,傳教士便在婚姻制度特別是納妾問題上秉持一貫的基督宗教立場,羅明堅(Michele Ruggieri,1543—1607)《天主實錄》、龐迪我(Diego de Pantoja,1571—1618)《七克》、艾儒略(Giulio Aleni,1582—1649)《口鐸日抄》等均對此有所闡述。《齊家西學》與此相關的闡述和論證,亦可歸入這一脈絡,應屬於其中較爲詳盡和系統者。由於傳教士的強硬立場,許多奉教士人曾因納妾遭遇窘迫。參與《齊家西學》的絳州本地士人韓霖,便曾爲了入教而遣散姬妾,他在合作完成相關段落時,應當有切身體會。另一位著名的奉教士人王徵(1571—1644),則曾因無嗣而納妾申氏,但由於無法休妾,最終在傳教士的敦促和自身悔恨下與申氏以友處之,改以過繼兄弟之子的方式擺脫絕嗣的壓力。[1]由此反觀第一卷第九章關於再婚可能無益於生育的討論,便可以明白,這可能是針對奉教士人的現實困境的有的放矢。

---

[1] 參見黄一農:《兩頭蛇:明末清初的第一代天主教徒》,臺灣清華大學出版社 2005 年版,第 131—153 頁。關於晚明傳教士對中國士人納妾的批判,參見林中澤:《晚明中西性倫理的相遇》,廣東教育出版社 2003 年版。

與《齊家西學》對離婚的嚴格禁止相比，明代法律關於離婚的規定要寬鬆得多。《大明律》繼承了《唐律》有關"七出三不去"的基本內容，規定男性在"無子、淫佚、不事舅姑、多言、盜竊、妒忌、惡疾"七種情況下可以"出妻"，且在"與更三年喪、前貧賤後富貴、有所娶無所歸"三種情況下不能"去妻"[1]，但對違反"七出三不去"而休妻的處罰較之宋代要減輕很多[2]。基於明代相對寬鬆的法律規定，未入教的中國士人恐怕難以接受《齊家西學》對於離婚的嚴苛態度。

　　最後，初看起來，《齊家西學》關於再婚的討論，與主流儒家思想十分契合。儒家早期經典中即有"未嫁從父，既嫁從夫，夫死從子"（《儀禮·喪服》）的"三從"之說，要求女性"壹與之齊，終身不改，故夫死不嫁"（《禮記·郊特牲》），宋代理學家程頤提倡"餓死事小，失節事大"，將喪夫守節、從一而終視作女性最高道德標準。元代將理學提升爲官方意識形態後，有明一代，儒家文化對節婦的提倡和官方的旌表一直呈上升之勢。儘管如此，在民間社會實踐中，寡婦再嫁的現象並不鮮見，其原因十分多樣化：傳統社會中的寡婦無法實現經濟自立，亡夫家庭內部爭奪財產而逼迫寡婦再嫁，利用寡婦改嫁收取聘禮，等等。另一個現實的原因，則在於殺害女嬰導致的男女性別失衡，各階層男性不得不"屈尊"迎娶寡婦。[3] 盛行的節婦風氣對喪婦的男性造成了輿論壓力，因此，在旌表節婦的同時，官方和儒家文化亦提倡男性守

---

[1] 參見懷效鋒點校：《大明律》附錄《大明令》，法律出版社 1999 年版，第 242 頁。
[2] 參見懷效鋒點校：《大明律》卷六《户律三·婚姻》"出妻"，第 65 頁。
[3] 參見陳剩勇：《理學"貞節觀"、寡婦再嫁與民間社會——明代南方地區寡婦再嫁現象之考察》，載《史林》2001 年第 2 期。

節，旌表義夫。義夫節婦雖往往被並稱，官方和社會文化對二者的提倡，以及鰥夫寡婦關於守節的壓力，却不可同日而語。[1] 高一志關於守貞的討論，在大方向上與官方和儒家文化關於義夫節婦（主要是節婦）的提倡是一致的。其中的部分論證，例如復婚乃是沉迷於慾望之舉，也與理學"滅人慾"的提倡不謀而合。其所提及的歐洲國家以社會力量撫恤守貞者的做法，或許是針對晚明寡婦迫於各種經濟考量的再嫁之風的一種現實建議。

從另一個角度來看，《齊家西學》關於婚姻制度的嚴苛規定，或許不應視爲對明代中國婚姻制度的挑戰和對教外中國人的勸誡，而主要是對奉教中國人的規定：婚姻是天主教聖事之一，教會之外的世俗婚姻無法受其管轄。第一卷第一章關於"古名士出妻"的故事，便溢出了天主教禁止離婚的傳統，這似乎表明，教會對待世俗婚姻的態度並不那麼嚴苛。[2] 由此觀之，《齊家西學》關於婚姻制度的規定，無意改變中國社會的基本脈絡，或許只是爲了在規範奉教人士婚姻生活的同時，爲中國社會文化提供新的倫理資源和現實選擇。

小　結

作爲首部系統引介西方夫婦倫理的著作，《齊家西學》第一卷

---

[1] 參見那曉凌：《傳統社會以喪妻不娶爲特徵的義夫旌表》，載《北京社會科學》2015年第8期。

[2] 參見梅謙立：《從邂逅到相識：孔子與亞里士多德相遇在明清》，北京大學出版社2019年版，第256—268頁。

所呈現西式夫婦倫理與晚明儒家的夫婦倫理之間，有着若干重要的相同和相異之處。《齊家西學》所提倡的夫令婦從、夫婦親和、忌私愛的夫婦關係，關於婦之劣性的論述，以及關於"擇婦"的建議，與晚明主流儒家夫婦倫理在基本結構和若干細部論述上都基本相合，但與晚明"重情"的思潮相牴牾。在婚姻制度上，《齊家西學》基於天主教立場堅持一夫一妻無妾制，明確反對離婚和再婚，這與晚明中國的一夫一妻多妾制、關於離婚寬鬆的法律規定以及與意識形態相反的寡婦再婚潮皆形成了對立，或許可以視作爲中國社會文化所提供的新的倫理資源和現實選擇。

《齊家西學》第一卷所呈現的中西夫婦倫理之間多面向的碰撞，豐富地呈現出中西倫理思想之間的首次系統對話的諸多細節，也爲我們理解傳統中西夫婦倫理之間的相同和相異之處提供了重要的參照。

第三章 晚明的第六倫？《齊家西學》中的主僕關係

梅謙立 譚 杰

　　主僕關係在古代社會扮演着重要的角色，但在中國和西方的著作中，主僕關係未得到大的關注。人們所熟知的哲學著作中的主僕關係論述，均出自近代哲學家。在 18 世紀，黑格爾分析了主僕關係在自我意識中的決定性作用，在 19 世紀的工業社會和資本主義階段，馬克思對主僕（或資本家與工人）關係做出了批判性的分析。

　　隨着西學的傳入，中國晚明的倫理學受到了挑戰。學術界已注意到當時西方倫理學對五倫（特別是夫婦與父子二倫）的挑戰[1]，而高一志在《齊家西學》第四卷專門討論的主僕關係，是學術界忽略的重要論述。高一志似乎試圖在儒家傳統的五倫之外發揮新的第六倫，這是本章要處理的問題。我們試圖從文本中分析主僕關係的來源與從古希臘到文藝復興時期的歷史發展，並分析高一志如何將西方主僕關係的論述引入晚明中國。我們最終要探討《齊家西學》中主僕關係能否在儒家五倫之外，構成晚明中國的第六倫。

---

[1] 關於夫婦關係，特別是妾的問題，參見黃一農：《兩頭蛇：明末清初的第一代天主教徒》，第 131—174 頁。

一、從主奴的政治關係到主僕的倫理關係

　　文藝復興思想家試圖將古希臘羅馬思想與基督宗教思想結合起來，因此大量引用古希臘羅馬作品。第一章提到的色塔拉《家庭原則》，便充分體現了这种風格。在中國晚明，耶穌會士跟隨這種思想潮流。在論述主僕關係的最後一卷（即第五卷），色塔拉引用了亞里士多德的《政治學》(*Politics*) 及其偽作《家政學》(*Economics*)[1]、奧古斯丁和其他早期教父的作品、阿奎那的《神學大全》等。與之相對應，《齊家西學》論述主僕關係的第四卷同樣引用了"亞理斯多"（亞里士多德）、"罷辣多"（柏拉圖）、"篤瑪所"或"多瑪所"（托馬斯·阿奎那）等思想家的作品。

　　文藝復興時期的歐洲學者在回到古代的過程中意識到，拉丁文 *servus* 的含義發生了很大的變化，古代含義是奴隸（英文 slave），而文藝復興時的含義則是僕人（英文 servant）。[2] 在《政治學》中，亞里士多德詳細討論"自然奴隸"，論述他們並不缺乏聰明或一般的美德，而是缺乏"實踐德行"(*phronesis*)，無法自我決定，這使得他們不能管理自己，只能被別人管理。亞里士多德認為，"任何人在本性上不屬於自己的人格而從屬於別人，則自然而為奴隸"[3]。亞里士多德所描述的主奴關係是政治性的，反映了主人對奴隸的專

---

[1] 大部分學者認為，《家政學》僅有第一卷可歸於亞里士多德筆下，其他兩卷則為他人所撰。

[2] 不過，從 16 世紀初開始，歐洲人在非洲抓捕黑人，並將其作為奴隸販賣到南美洲。

[3] 參見亞里士多德著，吳壽彭譯：《政治學》，商務印書館 1965 年版，I.4, 1254a15, 第 13 頁。

制權力，這種強迫性關係明顯違背了奴隸的個人自由。

　　在《家庭原則》第五卷第二章中，色塔拉陳述了亞里士多德的觀念，但在接下來的第三章，他批判了這種觀念，並追隨羅馬法和基督宗教兩大傳統，二者在羅馬帝國晚期逐漸融合。色塔拉引用羅馬皇帝查士丁尼（Justinianus，482—565）的《法典》（*Iustiniani institutionum* I.3）："奴隸制是各國人民法律的制度，使人違背自然，將別人變成自己的財產"[1]。也就是說，即便各國實施奴隸制，這一制度仍是違背自然和理性。奴隸制度被推翻之後，主僕關係的特徵逐漸清晰，如色塔拉所論："我們所僱傭的僕人自願侍奉我們。"[2]

　　文藝復興晚期的耶穌會思想家同樣反對自然奴隸。在《論正義》（*De iustitia et iure*，1593）中，西班牙耶穌會士莫尼拉（Luis de Molina，1535—1600）旗幟鮮明地反對西班牙人的奴隸貿易。[3] 他認爲，只有在以下三種情況中，奴隸是合理的：法庭的懲罰；因貧困而賣掉自己或子女；在正當戰爭中被捕的俘虜。關於第三種情況，莫尼拉否認西班牙王國進行正當戰爭，因此他要求必須釋放奴隸。莫尼拉也提到，葡萄牙王國將一些中國人逮捕爲奴隸並帶到葡萄牙，不過，上述三種合理理由並不存在：中國法庭從來不用奴隸制懲罰囚犯；中國享受永久和平，因此沒有戰爭，也沒有俘虜；中國很富有，因此沒有人會賣掉自己或子女。莫尼拉

---

[1] Ludovico Settala, *De ratione familiae*, p. 194: "Servitus est constitutio juris gentium, qua quis dominio alieno contra naturam constituitur."

[2] Ludovico Settala, *De ratione familiae*, vol. 4, p. 196: "Illi servos nostros conductitios qui apud nos sponte serviunt."

[3] Luis de Molina, *De iustitia et iure*, Cuenca, 1593, Tract. II, Disp. 33-35. 參見 Frank Costello, *The Political Philosophy of Luis de Molina*, Rome: IHSI, 1974, pp. 163-198。

據此推論,葡萄牙必須釋放這些非法逮捕的中國人。[1] 莫尼拉於1589 年在西班牙昆卡(Cuenca)完成此書,並在 1593 年出版之前添加以下內容:"完成此書之後,我將其呈給一位曾在中國長居且深入內地的耶穌會士,他肯定了全書內容。"[2] 莫尼拉並未提及其名,不過我們可以肯定,此人應是於 1590 年與莫尼拉在葡萄牙或西班牙會面的羅明堅。[3]

然而高一志並沒有清楚表明,古希臘羅馬的奴隸制是剝奪人自由的制度,也許因爲他不願向中國人揭露西方古代歷史的污點。他並未采用"奴隸"或"奴僕",而是用"僕婢""役婢"或"僕役"來翻譯拉丁詞 servus。拉丁詞 servus 一般指男性,而高一志經常使用的"僕婢""役婢"明顯包含女性。由於高一志不願清楚陳述西方古代的奴隸制,他並未談及亞里士多德的"自然奴隸"概念,而是將"僕役"的一種歸爲"族類",將其置於某種社會文化法律的基礎上:"子之形體,係於母胎,故母胎之勢,無不傳于子體也;公論、公制、公俗如此。"[4] 此處高一志依據古羅馬的市民法(ius civile),後者認爲母親的身份決定其子女的身份,不過高一志

---

[1] Luis de Molina, *De iustitia et iure*, Tract. II, Disp. 34, p. 176A; Frank Costello, *The Political Philosophy of Luis de Molina*, p. 186.

[2] Frank Costello, *The Political Philosophy of Luis de Molina*, p. 186: "After I had written the above, I took it to a Jesuit priest who had lived a long time in China and even penetrated into its interior; he approved everything." (Luis de Molina, *De iustitia et iure*, Tract. II, Disp. 34, 177A)

[3] 1605 年,耶穌會士萊修斯(Leonard Lessius, 1554—1623)在《論正義》中也認爲奴隸制度違背自然法(Lessius, *De iustitia et iure* II, Chap. 5, Disp. 9, Leuven: Masius, 1605, p. 39)。這本書可見於北堂目錄第 2030 號。另外,1612 年,貝卡紐斯(Martinus Becanius, 1561—1624)認爲,只有在兩個情況下人們可以被奴役:法律上的懲罰和售賣自身(參見 Martinus Becanus, *Summa theologiae scholasticae*, Paris: Chappelet, 1612, Part II, Tract. III, Chap. III)。這本書同樣被金尼閣帶到中國,可見於北堂目錄第 975 號。

[4] 參見高一志:《齊家西學》,第四卷,第二章。

承認這種制度沒有普遍性，因爲"中國之俗，子從父勢，因父爲一室之首也，智者依各方風俗定制焉"[1]。

在介紹過五類僕婢之後，高一志特別提及一類"作傭者"："有賃身作傭，甘聽人命者，未至全失身權。"[2]這種關係不是強迫性的，也不涉及僕婢的本質，而是以有期限的合同爲基礎："賃身作傭者未失身權，但既立券期，當委身從主，非大故不可擅退，又不可荒廢主務，玩日塞責也。期滿，乃得自主而去，不復爲役矣。"[3]在此之前，高一志有意在中國引入西方的合同法，在《修身西學》中介紹了商業金融的不同合同。[4]有期限的合同似乎在法律上建立了某種平等關係，然而高一志仍强調僕役教養上的缺陷："蓋僕婢性多鈍，于義規未習，于倫序未辨，于禮訓未洽，于世務未經。"[5]

《齊家西學》第四卷的另一處也體現了亞里士多德的影響。亞里士多德認爲，奴隸"在生活行爲上被當做一件工具，這種工具是和其所有者可以分離的"[6]。高一志翻譯如下："僕役者，古所謂活器也。"[7]其實，把"僕役"稱作"器"是比較好的選擇，《論語·爲政》有言"子曰：君子不器"，朱熹注："器者，各適其用而不能相通；成德之士，體無不具，故用無不周，非特爲一才一

---

[1] 參見高一志：《齊家西學》，第四卷，第二章。
[2] 參見高一志：《齊家西學》，第四卷，第二章。
[3] 參見高一志：《齊家西學》，第四卷，第二章。
[4] 參見高一志著，梅謙立、譚杰、田書峰編注：《修身西學今注》，第262—270頁。在此書中，高一志將奴僕視作一種財產："遺約之物，不止田地、房屋、僕婢等有形之物，即治人印權、爵職、秘術、奇方，無形之物，凡可以傳授于後者，皆可入約也。"
[5] 參見高一志：《齊家西學》，第四卷，第七章。
[6] 參見亞里士多德著，吳壽彭譯：《政治學》，I.4, 1254a15，第13頁。
[7] 參見高一志：《齊家西學》，第四卷，第七章。

藝而已。"[1] 根據朱熹的看法，我們可以推測，與君子相反，僕役只能把握"一才一藝"，這爲亞里士多德的"工具"論賦予了新的含義。不過，"活器"這一説法似乎不夠清晰：按照亞里士多德的定義，僕役是主人生活行爲方面的"器"。

在高一志生活的晚明中國，僕役屬於社會階層最低的賤民。由於商品經濟發展和貧富差距的擴大，很多良民爲逃避沉重的税負而賣身爲奴，晚明士人蓄僕成風。其中有在士紳家世代爲僕者被稱作"世僕"，其中部分屬於"佃僕"，耕種主人的田産，擁有人身自由，與失去人身自由、服侍主人的"家僕"有異。"世僕"可對應高一志所謂源於"族類"的僕婢。晚明僕役及其妻子和子女的買賣亦極爲常見，可對應高一志所謂源於"自鬻"的僕婢。而高一志所論的"賃身作傭者"即有期限的僕役，亦可見於晚明，被稱作"僱工人"。[2] 晚明中國僕役的狀況與當時的西方有一定的差別，鮮有高一志所論的西方將戰爭俘虜或罪犯降格爲僕婢的做法，但亦不如莫尼拉和羅明堅描述的那樣具有理想化色彩。

二、不平等的來源與處理方式

如前所論，晚期羅馬法肯定人出生時所獲的自由。教宗額我

---

[1] 參見朱熹：《四書章句集注》，中華書局 1983 年版，第 57 頁。
[2] 關於晚明中國的僕役狀況，參見蒿峰：《試論明代奴僕制度》，載《煙臺大學學報（哲學社會科學版）》1989 年第 1 期；牛建强：《明代奴僕與社會》，載《史學月刊》2002 年第 4 期；趙軼峰：《身份與權利：明代社會層級性結構探析》，載《求是學刊》2014 年第 5 期。關於高一志所論四種僕役類型的西方來源，參見 Luis de Molina, *De iustitia et iure*, Tract. II, Disp. 33。

略一世（Gregory the Great，590—604）同樣肯定這一點，認為天主創造了平等的人類。[1] 後來的神學家假定，如果沒有發生原罪，人們仍然會有不同的本分，如父親在撫育子女方面需要權力（*potestas*），不過如同貝拉明（Robert Bellarmine，1542—1621）所論，這並非強制性的，而是指導性的。[2] 另外，天主本來的計劃中並不存在主僕關係，因為沒有人會以社會地位要求別人的侍奉。高一志據此在《齊家西學》第四卷第一章陳述最初的自然狀態：

> 大主厥初生人，非欲相役也。性之清潔聰貴等，何有主之崇，與僕之卑哉？萬民之聚，如慈親、孝子、友昆、恭弟，相親相資，成一室之和焉而已。[3]

在自然狀態中，人們沒有慾望相互奴役，不過後來，"既染元罪，為魔之奴，則僕役之辱，始入人族中"。這一觀念來源於奧古斯丁的《上帝之城》，他認為，人們有統治的慾望（*cupiditas dominandi*），互相奴役，犯了罪。由於這種慾望，人之間的關係變得不平等，如高一志所述：

> 愚役智，貧役富，弱役強，所不免矣。蓋人違上主之命，

---

[1] 參見其《約伯記道德論叢》（*Moralia in Job*）第 21 卷第 15 章："Omnes homines natura equales genuit"。貝拉明（Robert Bellarmine）也引用了這句話，參見 Robert Bellarmine, *De Laicis, or the Treatise on Civil Government*, trans. K. E. Murphy, New York: Fordham University Press, 1928, pp. 311, 314。

[2] Harro Höpfl, *Jesuit Political Thought: The Society of Jesus and the State, c. 1540-1630*, Cambridge University Press, 2004, p. 208.

[3] 參見高一志：《齊家西學》，第四卷，第一章。

性分既偏，知愚互異，貧富强弱不齊，其勢不得不相役耳。[1]

因此，主僕關係並非原初的，不符合天主原來的計劃，而是源於人們的慾望。天主教會在歷史上默認了這種主僕關係，但反復提醒不要受到統治慾望的控制，要時刻提醒自己，主人和僕人都是天主的子民。由於天主教會推動了所有人在天主面前平等的觀念，在教會生活中，人與人之間有平等的關係，而這違背了中國晚明嚴格的社會階層等級觀。1616 年，南京禮部侍郎沈㴶（？—1624）控告高一志代表的天主教"無君臣""無父子"。[2] 1623 年，反天主教的學者許大受（1580—1650）在《聖朝佐闢》中也批評天主教的平等主義：

> 此正夷説不通之病根，而不容以不辨者也。夫有形之類必有欲，有欲而相聚必争；故有帝王以主天下，有親以主家，有家督以主臧獲。今夷不識此義，而反欲以"友"之一字强平之。若夫超形而入氣，超氣而入神，又超情識魂神而反諸未生以前之眞性，則原非聲臭，何從主宰？夷又不識此義，而反欲立"天主"一説以强制之。曾不知有形而無主則亂，此主之決不可無者；無形而有主反粗，此主之決不能有者。何也？帝王但論膺圖；父母均爲離裹；撿家者之是非，但辨奴郎，不衡老少也。[3]

---

[1] 參見高一志：《齊家西學》，第四卷，第一章。
[2] 沈㴶：《南宮署牘・三參遠夷疏》，《聖朝破邪集》，《大藏經補編（28）》，臺北華宇出版社 1986 年版，第 222a 頁。
[3] 許大受著，梅謙立、楊虹帆校注，賴岳山校核：《〈聖朝佐闢〉校注》，高雄佛光出版社 2018 年版，第 122—123 頁。

許大受認爲，天主教的友誼觀破壞了人們對皇帝的忠誠、對父母的孝順，以及男女之別，這造成了政治混亂和社會道德敗壞。天主教徒内心不承認統治者的權威，並試圖以下犯上，如同白蓮教一般，極易發動暴亂。許大受讚揚儒家能"辨奴郎"，認爲這是天主教無法做到的。我們認爲許大受的説法有待商榷，雖然在天主面前人人平等，但天主教會内部仍保持嚴格的等級關係。許大受並没有認識到這一點，他將天主教理解爲某一類推動自身群體利益的兄弟會或集團，後者不考慮整個社會的利益，因而會導致社會秩序的崩塌。

高一志在《齊家西學》中論述了天主教徒之間的等級關係。雖然"一家如一體"，主僕"同父"，不過，這並非徹底的平等主義，而是類似於某種有機的統一體，其中包含明顯的等級，如同高一志模仿《聖經·哥林多前書》寫道："主首也，妻肺腑也，子女肩背也，役婢股足也，雖賤，可无耶？"[1] 僕役理解到其所扮演的角色對於家族的重要性，"各體恒急于職，從靈神命，未嘗妒逸辭勞"[2]。僕役自願服役，與奴隸被强迫服役完全不同。社會的不平等是必須承認的事實，天主教並未試圖推翻這種社會秩序，而是提醒主人不要濫用自己的權力，也要求僕人接受這一秩序。

三、主僕之間的倫理關係

上文提到，古希臘的主奴關係是政治性的，主人剥奪了奴隸

---

[1] 參見高一志：《齊家西學》，第四卷，第四章。
[2] 參見高一志：《齊家西學》，第四卷，第四章。

的自由。由於羅馬法與基督宗教的影響,作爲政治制度的奴隸制被廢除,主僕之間的倫理關係取而代之。主僕關係在利益交換的基礎上保證個體自由,並強調相互的責任和義務。

對高一志而言,與天主愛人一樣,主人要以慈愛的態度管理僕役,因此他大量引用《聖經》,特別是保禄的《厄弗所書》(*Ephesians*)中關於主僕關係的論述,以及奧古斯丁及金口聖若望(John Chrysostom,349—407)的相關論述。此外,高一志也認爲:"則仁主于役,必視如臣,接如子矣。役賤且陋,亦人子也,主善視之,无不覺而感者矣。"[1] 這種僕役"亦人子"之説,在晚明儒家論述中較爲常見。儒家士大夫家訓中便是以此立論,認爲主人應以仁慈的態度對待僕役。[2] 高一志訴諸僕役"亦人子"論證主人應待僕役以仁慈的做法,或許參考了其當時所見的天主教士大夫家訓。由此可見,在提倡主人對待僕役的仁慈態度方面,基督宗教和儒家是一致的,但前者訴諸天主與人的關係,後者則訴諸親子關係。

《聖經·德訓篇》有言:"草料、棍杖、馱重,是屬於驢的;麵包、訓戒、勞作,是屬於僕人的。"[3]《齊家西學》據此論述,主人的慈愛包括豐育、任使、督責三個方面。"豐育"指主人必須提供食物,這是主人的基本義務;"任使"指主人爲僕役安排恰當的勞務,這一點《齊家西學》並未展開論述;"督責"則得到詳細論述,因其涉及主人作爲教師對僕役的道德教育義務:"蓋僕婢性多鈍,于義規未習,于倫序未辨,于禮訓未洽,于世務未經,初登

---

[1] 參見高一志:《齊家西學》,第四卷,第四章。
[2] 參見郭同軒:《明代仕宦家訓思想研究》,第67—68頁;蒿峰:《試論明代奴僕制度》,第92頁。
[3] 參見《聖經·德訓篇》三十三25。

主門。"[1] 這樣的教育也包括職業教育，前文論及亞里士多德將僕役視作"活器"，此處進一步論述，作爲"活器"的僕役"非家主琢磨之，安能成器耶"[2]，強調主人在技術專業方面的教育責任。

在《家庭原則》（IV.9）中，色塔拉將《聖經·德訓篇》中的"麵包、訓戒、勞作"與亞里士多德在《家政學》所論的"勞務、食品、懲罰"（opera, cibus, castigatio）相關聯。這表明，文藝復興思想家有意將《聖經》與古希臘哲學相結合，高一志亦有同樣的自覺，在論述"豐育，任使，督責"之後，他接着論及亞里士多德的觀念，強調勞務、食品和懲罰三者應相互平衡："豐育不任使，使其肥壯習閒，將致抗主招害；任使不督責，終无不生怠玩，開弊端矣。"[3] 與高一志在論及"主之慈"之後不忘提及懲罰類似，明代中國家訓的馭僕之術亦強調對僕役應恩威並用。如張習禮指出："奴婢不可克其衣食，然家法須極嚴。食足然後可致法，法行然後知恩。不用命者，懲戒不悛，寧減價轉鬻之；樸實者令其相依而事也。"[4] 在這一方面，中西方的馭奴觀念亦有類似之處。

在僕役的"督責"方面，懲罰是很重要的因素，《齊家西學》第四卷以第九、第十兩章專門討論這一點。高一志強調，主人最好獲得僕役的愛戴，次之則應使僕役畏懼。在體罰僕役時，主人必須控制自己的心靈。高一志以故事爲例説明這一點：

---

[1] 參見高一志：《齊家西學》，第四卷，第七章。
[2] 參見高一志：《齊家西學》，第四卷，第七章。
[3] 參見高一志：《齊家西學》，第四卷，第九章；Pseudo Aristotle, *Economics* I. 5, 1344a 35。
[4] 張習禮：《家訓》，載王晫、張潮編：《檀幾叢書》，上海古籍出版社 1992 年版，第 87 頁；亦參見王雪萍：《明清家訓中馭婢言論的歷史解讀》，載《史學月刊》2007 年第 3 期。

責撒耳古爲西國智王，其大臣怒僕損玻璃器，投諸池以飼魚，王聞，亟責之曰："爾視人命如是輕，器如是重耶？吾耳猶不堪聞，爾目寧忍睹耶？"故不仁之主，責役之刑過濫，是自陷于大惡也。[1]

這一故事亦見於高一志刊刻於 1636 年的《達道紀言》[2]，其西方來源則是塞內卡的《論憤怒》（*On Anger*），意在說明，有權力的人在憤怒時可能不會顧及僕人的生命，而責撒耳（Caesar August）則試圖勸人抑制憤怒，拯救僕人。[3] 這個故事類似於《孟子·梁惠王上》中所載齊宣王不忍見牛之死的故事。據此，主人對僕役的"督責"，始於其對自身的反思。

在《修身西學》中，高一志認爲，"弟"可以描述上下階層間的倫理關係："稽上古，臣于君，弟子于師，兵士于帥，卑幼于長，僕役于主，庶民于官，無不需弟之理焉。"[4] 此處高一志以"弟"翻譯 *observantia*，完全改變了"弟"的本意。在《齊家西

---

[1] 參見高一志：《齊家西學》，第四卷，第十章。

[2] "大臣宴責撒王，僕損玻璃器，主怒，投以飼魚。王聞，命全僕命而責臣曰：'視一人命如是輕，器如是重乎？吾耳猶不堪聞，爾目寧忍坐視之？'因命毀器塞池以杜後端"；參見 Sher-shiueh Li and Thierry Meynard, *Jesuit Chreia in Late Ming China*, p. 208.

[3] Seneca, *On Anger*, Chapter III: "It was a notable story that of Vedius Pallio, upon his inviting of Augustus to supper. One of his boys happened to break a glass and his master in a rage commanded him to be thrown in a pond to feed his lampreys. This action of his may be taken for luxury, though in truth, it was cruelty. The boy was seized but broke loose and threw himself at Augustus's feet, only desiring that he might not die that death. Caesar, in abhorrence of the barbarity, presently ordered all the glasses to be broken, the boy to be released and the pond to be filled up, that there might be no further occasion for an inhumanity of that nature."

[4] 高一志著，梅謙立、譚杰、田書峰編注：《修身西學今注》，第 276 頁。

學》中,高一志不再提及"弟"德,而是談及其他美德,如忠和敬。高一志或許受到了耶穌會士萊修斯(Leonard Lessius, 1554—1623)的影響,後者認爲 *observantia* 建立於尊位與尊敬的基礎上:由於君王的尊位,臣民尊敬君王;由於父母的尊位,子女尊敬父母;由於老師的尊位,學生尊敬老師等等。不過,似乎很難看出主人的尊位與值得尊敬之處。[1]因此,正如高一志所論,當僕役自願接受並侍奉主人時,最重要的美德並非"弟",而是"忠"。在"役之職第十一章"所述僕役的六條職責中,前五條均是關於"忠"的。高一志要求僕役要像忠於天主一樣忠於主人,對主人保持內外誠敬,勤於侍奉,即使是不肖之主,仍要盡忠。[2]儘管高一志宣稱這些觀念來自保祿,但其並不見於現存《聖經·厄弗所書》(保祿書信中最爲集中的關於奴隸的篇章)。高一志此處的論述,應更多參考了儒家"君臣"一倫中的"臣忠於君"觀念。

"役之教第七章"在陳述關於僕役的教育時,並未提及信仰因素。接下來的"役之擇第八章"則強調,在選擇僕役時,必須"探其隱情""察其前迹",並論述天主教信仰的重要性:

> 夫不敬上主,安能敬下主耶?又凡不知生死之主,及生死之機者,則善惡異道,不能分別[……]惟真知天上有主,明鑑其私且權其生死,而報償至公,將內外上下必有所忌,以禁其念之侈,亦有所望,以奮其心之善矣。主人盡力啓役之矇,而迪以正道,必將實益于其家也。蓋役實畏上主而忠

---

[1] Lessius, *De iustitia et iure* II, Chap. 36, Dub. 2, p. 456.
[2] 參見高一志:《齊家西學》,第四卷,第十一章。

事之，未有不忠于家主，因順于命，直于心，懇于情，信于言，勤于業，潔于迹，簡于用，內外溫和，順逆如一。[1]

《齊家西學》將僕人的天主教信仰視作選擇僕人的重要標準，同時不鼓勵主人選擇有其他信仰的僕役："蓋諸功乃正道之力所致也，若役之迷于異端邪説者反是。"[2] 晚明時期，耶穌會士可能鼓勵天主教士大夫如徐光啓、李之藻、楊廷筠、韓霖等皈依家中的僕人，這能夠營造天主教家族，有利於天主教信仰和生活方式在中國的扎根與傳播。傳統中國對個人信仰有一定的包容性，因此同一家族中的佛教徒和道教徒並無衝突，而晚明天主教則表現出較強的排他性，禁止信徒將天主與其他神混爲一談，也禁止天主教與其他宗教的融合，只提倡其與被視爲非宗教性的儒家傳統相融合。[3]

小結：似非而是的第六倫

在《性生活史》（Histoire de la sexualité）與《法蘭西學院講座》（Lectures du Collège de France）中，福柯分析了古希臘羅馬思想家對自我的關注（souci de soi），論證師生、朋友、夫婦、主僕關係應成爲倫理學的關注點，主體乃是通過這些關係塑造自我的。福柯強調，這種古代的"修身""齊家"觀與近現代關於自我認識

---

[1] 參見高一志：《齊家西學》，第四卷，第八章。
[2] 參見高一志：《齊家西學》，第四卷，第八章。
[3] 參見梅謙立：《超越宗教排他性——晚明天主教及許大受的反應》，載《現代哲學》2018 年第 1 期。

的觀念有很大的區別。[1] 由福柯的觀念返觀晚明中國，我們能夠發現，儘管主僕關係構成儒家士大夫家訓中的一個重要內容，但是其中的"齊家"部分所討論的家庭中的倫常關係，仍限於五倫中歸屬於家庭的夫婦、父子、兄弟三種，而其中關於馭僕或馭婢之道，則隸屬於"治生之道"，即家庭經濟管理的理念和實踐的一部分，是明末社會經濟發展催生出來的需求。儘管明代士大夫有僕役"亦人子"之說，提倡以仁待僕役，儒家家庭中的主僕關係並未突破傳統的五倫關係，成爲第六倫。正如"馭僕""馭婢"的名稱所暗示的，作爲主人的儒家家庭中的父家長有着絶對的主體性和權力，僕婢儘管"亦人子"，但僅僅是被駕馭的對象。

《齊家西學》是否突破了儒家傳統，試圖在晚明引入第六倫？初看起來似乎並非如此。高一志顯然極爲熟悉儒家五倫，刊刻於1636年的《達道紀言》，即是依照儒家五倫來編纂。《齊家西學》的寫作，應參照了儒家家訓的主題，因此前三卷"齊夫婦""齊童幼"闡述儒家夫妻和父子兩倫，後兩卷"齊僕婢""齊產業"則似可對應儒家家訓的"治生之道"，後者正是所謂"齊家西學"的 oeconomia 之本意。而隱於全書背後的"齊"之主體及其面對的讀者，則是擁有絶對家庭權力的父家長，這與儒家家庭的結構和内在理路同樣是一致的。《齊家西學》第四卷以大部分篇幅（第三至十章）論及主人對僕役的職責，僅以一章（役之職第十一章）討論僕役對主人的義務，這反映出高一志更爲看重前者，主人的主體性地位要遠高於僕人。

然而當我們通觀《齊家西學》全書，便會發現，高一志乃是

---

[1] Michel Foucault, *The Hermeneutics of the Subject*, New York: Picador, 2004, p. 486.

將"齊僕婢"置於"齊夫婦""齊童幼"之類,而非"齊產業"之類,這由第四卷開頭"僕婢,所以充使令也,故齊之次於教子"和第五卷開頭"家之齊,繇人及物,人學析矣,次陳產業"可以看出。既然"齊僕婢"屬於異於"產業"的"人學"之一部分,那麼主僕關係便足以構成合法的倫理關係。儘管由於時代的局限,《齊家西學》仍是在父家長中心式的框架下論述主僕關係的,這一論述仍在某種程度上突破了儒家傳統的五倫,將主僕關係視為在此之外的第六倫,試圖為晚明的儒家思想注入新的活力。

第四章 《齊家西學》與晚明西方農學知識的傳入

宋元明

中國古代以農立國,農業一直是國民經濟中占據主導地位的產業,發達的農業締造了經濟上的奇迹,也養活了世界最多的人口。中國農業生產的相對優勢一直保持到了 19 世紀中期。[1]明末,西方來華的傳教士帶來大量西方科技新知,其中就包含少量與農學相關的內容。此前,較爲人們所熟知的便是徐光啓和意大利傳教士熊三拔(Sabbatino de Ursis,1575—1620)在萬曆四十年(1612)合作譯著的水利學著作《泰西水法》,較爲系統地介紹了 16—17 世紀歐洲的農田水利技術知識。[2]

無獨有偶,高一志與中國士人於山西絳州合作完成的《齊家西學》一書中包含了大量農業知識,是最早傳入中國的西方農學文本之一,爲我們瞭解彼時傳入中國的西方農學知識提供了一個絕佳樣本。

《禮記·大學》有言:"欲治其國者,先齊其家。""齊"作爲動詞,有治理、管理乃至安定之意,所謂"齊家",即"治理家

---

[1] 王思明:《如何看待明清時期的中國農業》,載《中國農史》2014 年第 1 期。
[2] 金豔君:《明末科技譯著〈泰西水法〉研究》,南京信息工程大學碩士學位論文,2016 年。

庭"的意思。在中國古代，從事農業生產是實現齊家的一條重要途徑，北魏的《齊民要術》，清初的《修齊直指》《齊民四術》等農書均在書名中蘊含了"齊家"的要義。

明代中後期是中國農村社會經濟發展史上非常重要的一個時期，農業經營和生產關係出現了一些前代未有或者不顯的新要素。特別是 16 世紀以後，隨着商品經濟的快速發展，明代社會經濟發生了明顯的變化，國內外市場繁榮，中西交流擴大，白銀作爲貨幣更爲流通，很大程度上影響了明代農業的經營模式。[1]如何管理家庭經濟，爲家族存續發展提供物質保障，成爲當時士紳地主所關注的重要問題，這一重要的社會議題自然也會引起在華生活多年的高一志的注意。

《齊家西學》卷五"齊產業"即爲治理家庭產業之意，其内容就是當時作爲家庭經濟主體的農業。全卷篇幅不大，總計 8000 餘字，共分爲十三章，每章之間互有聯繫，構成了一個較爲完整的整體。其體例與每章的知識編排形式也與當時的中國農書極爲類似，很可能是作者試圖迎合中國讀者而爲之。該卷前兩章圍繞倫理道德展開，大量引用典故，與前四卷類似，而第三至十三章主要論述農業技術問題，對道德倫理觀念及典故則甚少涉及。

從知識體系的角度進行劃分，全卷大略可分爲三大類：第一大類是農務總綱，包括資財、農務、擇田、擇農、農職五章，主要論及農業經營的指導思想；第二大類是樹藝知識，包括治地、播種、種樹、壅田、水法、貯穀六章，主要圍繞種植業展開；第三大類是牧養技術，包括養牲和禽蟲，主要涉及養殖業的相關内

---

[1] 高壽仙：《明代農業經濟與農村社會》，黃山書社 2006 年版。

容。本文將結合時代背景，對比中西農書，對作者的編寫方法和具體農業內容進行分析，以期推進這一獨特農史文本之研究。

一、晚明"治生"思想與《齊家西學》中的地主治農方略

中國古代農書中對農業經營的重視由來已久。早在南宋時期的《陳旉農書》中，即以"財力之宜"作爲全書之開篇。其農業經營理念反映了當時經營地主的思想，這一點在"財力之宜""居處之宜"等篇中表現得最爲突出。

明朝士紳群體迅速擴大，由於政府官職數量有限，迫使很多希望通過出仕謀生的士紳另謀"治生"之路。而社會觀念的變化促使曾經帶有中性含義的"貧困"一詞轉爲貶義，更在某種程度上成爲"懶惰"的代名詞。商品經濟的發展，市民生活的繁榮，使得這些原本對工商業帶有抵觸情緒的士人改變固有想法，轉而親自從事商品經濟活動。[1]特別是明代中後期，隨着商品經濟的發展，各類書籍中有關"治生"思想的内容也逐漸增多。

《齊家西學》第五卷"齊産業"即是圍繞"治生"展開論述。第一章"資財"開篇即援引西學中家産與人身的比喻，認爲"資財於家，猶身之有脉絡也"，肯定了資財在齊家中的重要性。在此基礎上，强調"義、誠、勤、儉"四得，反對"貪、詐、怠、侈"

---

[1] 王瑜、蔡志榮：《明清士紳家訓中的治生思想成熟原因探析》，載《河北師範大學學報（哲學社會科學版）》2009年第2期。

四失，認爲只有"有四得，無四失"才是積累財富的正道，強調積累財富過程中倫理道德的重要性。作者雖用西學中的案例來闡述"義、誠、勤、儉"四原則，但這四個字的歸納總結明顯受到當時社會思潮的影響。明代中葉以後，伴隨商品經濟發展而興起的商賈群體炫富攀比成風，引起很多知識分子的反感和焦慮，明代仕宦家庭中流行的家訓文化將勤儉視作家庭治生的核心和關鍵。[1] 作者以問答的形式表明了態度，針對"日用器物，俗尚華，不惜破產以營之"的現象，提出"智者量力，備其有益者而已。供容貴整潔，私用惟樸素。諸器有籍，時爲稽察。一免失遺，一便取用也。其或造屋，勿圖觀美，但取實用堅固而已"，宣導節用之風，從而引出"人有男女、主客、尊卑之異位，須得分別之法；物有貴賤、幹濕、寒暑、明暗之異勢，必合其物性之宜焉"的階層觀念，反映了當時知識階層的等級秩序觀念。

繼之在農務第二章中，高一志援引《聖經》等西方原典中的大量故事，用以證明農業是治國營家的根本所在，痛陳"後世逐末者多，厭古棄本，不知農業國家之筋骨，筋骨散，國家敗亡矣"，強調農業的重要性。盛贊業農者"質純忠樸，不諂不淫，無妒無恨，不誹不殘，不貪名，不矜志，一切非公非義之心，農業無與也"，這不但與古羅馬加圖（Marcus Porcius Cato，公元前234—前149）在《農業志》（*De Agricultura*，約公元前160年）中開篇就提到"（農民的）利益來的最清廉、最穩妥，最不爲人所疾視，從事這種職業的人，絕不心懷惡念"[2] 的觀點不謀而合，也與

---

[1] 陳江：《明代中後期的江南社會與社會生活》，上海社會科學院出版社2006年版；郭同軒：《明清仕宦家訓思想研究》。
[2] 加圖著，馬香雪、王閣森譯：《農業志》，商務印書館2009年版，第2頁。

明末徐光啓《農政全書》以"農本"開篇的立意遥相呼應。[1] 除此之外，高一志還從西方經典中尋找論據，以期符合中國傳統"以農爲本"的價值取向。

第三至五章的擇田、擇農和農職則是闡述從事農業經營的準備工作。擇田一章中，作者强調了選擇田地的一些基本準則，與中國傳統農書中的記載差異不大，不過其中"辨土"一節頗有特色："凡地未經壅治，叢發美草多種者善。掘坑取土，複以故土填坑，有餘者善。取撮土，水調指撚，易化而粘者善。又投地不散者善，土色首黑，次黄，掘地闊深數尺，不值沙石硝礬之類者善。取土浸甘水中，嘗其味不鹹苦者善。"作者用一種類似西方實驗的方法指導讀者如何簡單有效地辨别土壤，此幾種方法在《農業全書》(*Geoponika*，約 10 世紀)中多有體現。[2] 而同時期袁黄（1533—1606）的《寶坻勸農書》中涉及辨土時，仍以土色作爲辨土的主要依據。[3] 由此可見，此部分所反映的西法相較同時期的中國農書更爲細緻和實用。

擇農一章强調了鑒别雇農品行能力的重要性，並主張地主改善和維護與佃農的關係，這充分反映了明末農業經濟生産關係的變化。明代中葉以後，隨着農業商品經濟發展，封建人身依附關係逐漸鬆弛，地主大量使用雇傭勞動力投入農業生産。[4] 顧炎武（1613—1687）估計當地"有田者十一，爲人佃作者十九"[5]，清初

---

[1] 徐光啓撰，石聲漢點校：《農政全書》，上海古籍出版社 2020 年版。
[2] Thomas Owen trans., *Agricultural Pursuits (Geoponika)*, London, 1805, pp. 54-57.
[3] 袁黄撰，鄭守森等校注：《寶坻勸農書》，中國農業出版社 2000 年版，第 4—5 頁。
[4] 閔宗殿主編：《中國農業通史（明清卷）》，中國農業出版社 2016 年版，第 398—405 頁。
[5] 顧炎武撰，陳垣校注：《日知録校注》，安徽大學出版社 2007 年版，第 590 頁。

大學士張英在家訓《恒產瑣言》中也用大篇幅論述了良佃之益和劣農之弊，感慨"主人雖有氣力心計，佃惰且劣，則田日壞，譬如父母雖愛嬰兒，却付之悍婢之手，豈能知其疾苦乎"[1]，可見彼時佃農之普遍和重要。

在農職一章中，作者闡述了業農者所應具備的十種才能，"一曰地，二曰穀，三曰時，四曰力，五曰利，六曰水，七曰壅，八曰畜，九曰機，十曰議"，即所謂"十識"。古羅馬瓦羅的《論農業》(*De Re Rustica*)一書中也對業農者的能力提出了要求，認爲業農者應對水、土、空氣、陽光有所瞭解，並以效用和樂趣爲目標從事農業生產。[2] 而中國古代也將業農者置於農業活動的核心，認爲農業"爲之者人也"，他們要求業農者應充分掌握"物宜""時宜""地宜"這三宜的基本原則。

二、《齊家西學》中的農業技術知識

"十識"是《齊家西學》論述合格的業農者所應具備的核心技能。通過文本解讀，我們可以發現這不僅僅是一種寬泛的概念論述，其所關涉的實質是一整套完整的農業技術體系。地即治地，穀即播種、種樹和貯穀，水即水法，壅即壅田，畜即養牲和禽蟲，"十識"中的多數理念恰好可與隨後的諸多章節相互對應，其中的部分具體農業技術知識亦可窺見其源流，巧妙反映出作者對農業

---

[1] 張英撰：《篤素堂文集》，清康熙刻本，卷14，第9a頁。
[2] 瓦羅著，王家綬譯：《論農業》，商務印書館2011年版，第30—31頁。

體系的系統性認知。

中國古人將農業概括爲"辟土殖穀",辟土就是整地翻耕,這是作物種植的前期準備步驟,也是決定後續農事活動成敗的關鍵之所在。高一志認爲,受地理環境制約,每個國家在治地方法上不盡相同,所以他以其熟悉的歐洲國家之治地方略爲例,期冀爲中國農民提供相應之參照。彼時遠西的整地技術要點可概括爲四:一是要選擇地勢平整之田地,以方便之後的播種、采光、灌溉等活動;二是要保持田地的潔净,剔除地裏的沙礫、草棘與芟夷等雜物;三是要劃定恰當田型,不宜過闊或過窄,也不能太長或太短;四是要在農田的週邊植樹築堤,樹木籬笆可以阻擋牲畜或盜賊的侵入,堤壩可以防止外來的洪水流入農田。整地之後就是耕田,其首要技術要點是深耕,作者認爲深耕可以取得除草蟲、動頑土、紮根深、滲潦水等多重效果,這一點在中國也被推崇備至,中國農業崇尚深耕細作,使得種子可以充分吸收來自地下的水分、礦物質與有機質。[1] 其次是多耕,書中提倡在耕種之前對土地進行四次翻耕,相較 13 世紀英國農書《亨萊的田莊管理》(*Walter De Henley's Husbandry*)中記載三次翻耕的做法更爲進步。[2] 最後是要對土地時加施肥,以保持土地的持續生産力,而中國南宋時期的《陳旉農書》中就已認識到施肥對於土壤保持的重要性,並提出"地力常新壯"的理論。

在中西方農書中,播種始終占據着重要位置,因爲采摘收

---

[1] 許倬雲:《漢代農業:早期中國農業經濟的形成》,江蘇人民出版社 2019 年版,第 4 頁。
[2] 伊·拉蒙德、W. 坎寧安編,高小斯譯,王翼龍校:《亨萊的田莊管理》,商務印書館 1995 年版,第 50 頁。

穫的要點容易知曉，但確定正確的播種時間卻需要農人依據對環境條件的豐富經驗做出準確的判斷，是農事活動中頗為重要的環節。[1] 早在南宋時陳旉就認為"種蒔之事，各有攸叙。能知時宜，不違先後之序"[2]，書中高一志也認為"百穀播種，有時有法"，都體現出對作物播種時間的重視。

高一志在書中寫了麥、黍、粟、蠶豆與稻五種主糧作物的播種時間與種植方法。麥是彼時北方地區最重要的糧食作物，宋應星（1587—約1666）稱"燕、秦、晉、豫、齊魯諸道烝民粒食，小麥居半，而黍、稷、稻、粱居半"[3]。所以作者將其放在首要位置進行講述。小麥按照播種時期分為冬小麥與春小麥兩種，都要選擇籽粒飽滿的良種來播種，播種的原則是肥沃之地少播，貧瘠之地多播，原因是瘠田的出苗率可能較少。小麥容易受病蟲害的威脅，書中提及西方農民會通過在麥田裏撒灰糞、硝塵來抵禦蟲害，這與明代中後期農民往麥田撒草木灰或以砒霜拌麥種的方式相類似。[4] 書中提到在種麥之時，於麥田裏並播白苦豆，在稍長之後就可以作為綠肥翻進土地，豆科植物根系上着生根瘤，其中的根瘤菌能將空氣中的氮素固定轉化為有機氮化物，為植物提供豐富的氮素營養，是一種合適的綠肥作物，而中國早在北魏時期的《齊民要術》裏就認識到豆科植物最適合作為綠肥。黍與粟是中國本土兩種重要作物，故而作者將兩者合并叙述。黍的特徵是生長期

---

[1] Joseph Needham, Francesca Bray, *Science and Civilisation in China*, Volume 6, Part II: Agriculture, Cambridge University Press, 1984, p. 241.
[2] 陳旉撰，萬國鼎校注：《陳旉農書校注》，農業出版社1965年版，第30頁。
[3] 宋應星著，潘吉星譯注：《天工開物譯注》，上海古籍出版社2016年版，第20頁。
[4] 宋應星著，潘吉星譯注：《天工開物譯注》，第23頁。

極短，兩個月即可成熟，兼省地力與人工，且耐寒性強，"不忌寒霧風雨"，故而頗受農人之歡迎，其缺點是對水分要求較高，"喜頻灌"，乾旱時，要在播種前對種子進行浸泡處理，可令其迅速生芽。相比來說，粟對土地要求不高，抗旱能力也強，"地不必甚腴，即高坡沙地，可久敵亢旱"。豆類作物是古代中國人最爲重要的植物蛋白之來源，在農業中占有重要地位。蠶豆是富含根瘤菌的豆科作物，其優點是不勞地力，故而高一志建議實行豆麥輪作，蠶豆底田可以爲後續的麥作提供肥力。作者建議在播種時最好也要浸種，而彼時中國除水稻外很少對旱地作物的種子進行浸種處理。水稻是中國南方地區最爲重要的作物，在水源不足的北方地區分布不多，據清代農書記載，山西種稻很少，僅在太原以南的一些州縣有零星水稻種植[1]，故而作者將其放在最後講述。種稻要在頭一年冬天平整土地、製作稻畦，嗣後浸種並在秧田播種，夏初拔秧移栽在大田中，秧太盛之時要關閉水渠，曝曬田塊，即所謂"烤田"，繼而勤加灌溉，稱作"還水"，直至收穫。

種樹在中國古代是種植樹藝之意，如明代俞貞木（1331—1401）所撰農書便題爲《種樹書》，但高一志在書中却將種樹理解爲狹義的種植樹木之意。作者認爲穀物種植之外最重要的就是種樹，如此方可"不虛寸土以失利也"。他將種樹的目的分爲兩種：一是木材種植，以爲"薪木所資"；一是果木種植，以備"他穀之缺"。隨着經濟發展與市民生活的興盛，明代中後期的商業性果木栽培逐漸增多，社會對於栽種果木的技術需求也愈發迫切。書中對種植果木的技術細節進行了較爲詳盡的描述，如種之前二三月，

---

[1] 祁寯藻著，高恩廣、胡輔華注釋：《馬首農言注釋》，農業出版社1991年版，第77頁。

"先開大穴,以清其脉,植時以稍幹糞,合土之善且碎者,力厭其根,又以小石圍其根",等到種植的時候,"層層實築,外開窩,時溉之,歲鋤三次",強調需要時時觀察樹木的生長情況。書中還提及了樹木的嫁接法,專論"分枝接",與明代中國農書所記載的嫁接方法極爲相似。作者在書中還爲我們展示了歐洲種植桑樹的情形,爲我們瞭解當時西方的植桑業提供了新的材料。

書中特別提到農民從事種植活動時"必俟月進",從事砍伐活動時"必俟月退",這種根據月亮盈虧來安排種樹時間的方式非常特殊,未見於中國傳統農書,却可從西方農書中尋覓到來源蹤迹。如《論農業》中的第三十七章就談到"農莊上的某些活兒,在月盈時做較之月虧時做要好一些,反之,另一些事情,比如割穀和伐木,情形剛好相反"。[1]《農業全書》中也曾多次提到月亮的圓缺升落對於農事活動安排的重要性。更爲有趣的是,作者在解釋此理論時,用了中國傳統的陰陽學說,認爲"月主陰,月進氣必盛,屬陰之物亦盛,月退氣衰,屬物亦衰矣"。

合理利用肥料是農業增產的重要保證。《陳旉農書》中即有專論肥料的"糞田之宜篇",其中用糞如用藥和地力常新壯的觀點顯示出中國農書對肥料的重視。[2]《王禎農書》中的"糞壤篇"也要求農民要"惜糞如惜金",對中國古代肥料種類、積肥方法都有深刻總結。[3] 作者亦將"壅田"單作一章,提出"凡欲田腴,必多糞"的觀點,書中列舉壅田的十五種方法。其中,將歇地作爲保持地力的首選要法,認爲"多糞不如歇地",這一觀點帶有明顯的西方

---

[1] 瓦羅著,王家綬譯:《論農業》,第88頁。
[2] 陳旉撰,萬國鼎校注:《陳旉農書校注》,第33—35頁。
[3] 王禎撰,繆啓愉譯注:《東魯王氏農書譯注》,上海古籍出版社1994年版,第479頁。

特色,是中世紀歐洲農業最常用種植制度。當時的歐洲普遍采用二圃制或三圃制,二圃制即耕地一半耕種,一半休閑,每年輪換以保持地力,三圃制即每年三分之一的耕地實行休閑。但這種盛行於歐洲的耕作制度在當時人地矛盾突出的中國並不可行,明中期以後,隨着人多地少矛盾的逐漸加劇,人均耕地面積逐漸縮減,如何在有限的耕地產出更多農產品成爲迫切需求,集約經營成爲人們追求的目標,而用糞肥正是實現這一目標的重要途徑。[1]

作者於歇地外還簡要介紹了多種肥料,並簡述其製作方法,對中國農業中常用的踏糞、苗糞、草糞、人畜尿糞、雜肥、石灰等肥料均有所涉及,而亦有不少方法帶有强烈的歐洲特色。如書中介紹"有一種白豆,區大而苦,與麥合種,土必腴,蟲必滅,或屈而入地,苗必茂盛矣",這種未見於中國農書記載的豆類很有可能是當時廣泛種植於地中海的一種綠肥 —— 白羽扇豆。[2] 書中所描述的"取諸畜所籍之草半爛者,合畜之糞,積深坑,待熟,撒於地,隨覆以土"乃是"西農多用此法",也是當時畜牧業發達的歐洲將踏糞作爲主要肥料種類的真實寫照。

農作物生長需要適當的水分,過多則澇,過缺則旱,故而農田水利是農業生產的命脉。在水法一章中,作者談到水利所涉及的兩大環節 —— 排水和引水。對於易受澇灾影響的地方,書中指出可以挖溝排水,亦可引河水冲排。除此之外,還可以通過種植樹木來消除積水,"木長餘濕漸消,又木根左右開長,致地墳起,又積年所落之葉,漸填水脉,不使湧溢矣",此種方法未見於中國

---

[1] 閔宗殿:《明清時期的農業集約化經營》,載《古今農業》1999年第4期。
[2] 白羽扇豆,學名 Lupinus albus,豆科羽扇豆屬植物,可用作飼料和綠肥,在地中海地區被廣泛栽培。

農書之記載。排水有多種方法，既可根據地勢引水或者挖井取水，亦可通過機械取水。書中對機械未有過多論述，而是引導讀者參閱詳載西方水利機械技術的《泰西水法》，不過也指出西方"近有新出者"，較《泰西水法》中所載機械更爲省力高效。

如何將收穫後的穀物妥善貯藏，是保障糧食安全的重要步驟。相較中國農書，歐洲農書對糧食儲藏方法的記載更爲詳細。爲了防止糧食腐爛和生蟲，書中提及了多種保存糧食的方法，提出糧食需曬乾後保存在通風的高處，並通過清潔、撒醋、高積和摻入黍米等多種途徑以免蟲患。倘若生蟲，還可通過晾曬、撒桃葉、放木炭等方法來清除害蟲。

畜牧養殖是西方農業之大宗，其在西方農書中的篇幅可與種植業旗鼓相當，如《農業全書》全書二十卷的篇幅中就有八卷的篇幅專爲家禽家畜而作，而在《齊家西學》十二章的篇幅中僅有兩章論及家禽家畜，可以推測作者或許是爲適應中國讀者而做的調整。

作者在論及大型家畜時，選擇了牛、羊、豬、馬、驢、騾六種作爲論述對象。其中，牛被放在家畜之首，認爲"牛力強，無不宜，耐久勞，食易備，疾易治，即老，皮肉可用"，與中國農業中對牛的高度重視是非常吻合的。如《陳旉農書》中就專門有"牛說"一篇，對牛在農業中的地位給出了"非牛無以成其事"的評價。而對於"西國以爲大業"的養羊業，書中展示了與中國農業迥異的"夏末複剪其毛，乳治爲膏"的景象，這種對羊毛、乳酪等畜牧副產品的充分利用則是西方農業的一大特徵。關於如何通過外形來鑒別牲畜（即相畜術）的論述，可以很容易從西方農書中找到一些關鍵資訊的來源，如談到驢子時，書中所提"驢之善者，三歲後用之，十歲止"，就與《農業全書》中"驢子適於在三到十歲之間使用"[1]極爲吻合。可能是篇幅所限，作者只是簡單論及了相畜術，對於中西農書中都大篇幅論述的飼養、治療等方法均略去不提，亦可見本書的寫作目的並非是技術指導，更多的仍是概念性的綜述。

　　書中還論述了雞、鴨、鵝、鴿四種家禽及蜜蜂和蠶的飼養方法。在論述相鵝法的時候，提到"鵝色尚白，宜近水，宜近草場……取七八卵，令雌雞抱生"，在《農業全書》中的描述爲"你要選擇最大最白的鵝，你要將你的鵝圈建在水草豐美之處……有些（蛋）需要讓母雞哺育"[2]，可見與西方農書在內容上高度重合。另外，"西俗用鵝絨備裀褥"、餵養鴿子"冬用葡萄子"等處均是西方農書特有的知識，作者也根據中國習慣進行了部分調整和增補，頗爲有趣的是在本章中增加了養蠶的內容，篇幅頗大，但其中的部分知識甚至與中國傳統養蠶法有所衝突，值得進一步研究。[3]

小　結

　　《齊家西學》雖名爲西學，但從其農業部分的內容來看，書中

---

[1] Thomas Owen trans., *Agricultural Pursuits (Geoponika)*, Vol. II, London, 1806, p. 228.
[2] Owen trans., *Agricultural Pursuits (Geoponika)*, Vol. II, 1806, p. 182.
[3] 清初的耶穌會士殷弘緒（François-Xavier d'Entrecolles，1664—1741）、湯執中（Pierre d'Incarville，1706—1757）、韓國英（Pierre-Martial Cibot，1727—1780）等人也都對中國養蠶法給予了關注，參見韓琦：《中國科學技術的西傳及其影響》，河北人民出版社1999年版，第163—164頁。殷鴻緒所譯《農政全書》蠶桑部分還被收入了杜赫德的《中華帝國通志》，參見 Jean-Baptiste du Halde, *Description géographique, historique, chronologique, politique, et physique de l'empire de la Chine et de la Tartarie chinoise*, Paris, 1735, Tome 2, pp. 205-223.

不僅有西方農學知識，還夾雜了諸多中國傳統農學知識。作者根據自身理解，對中西農學知識進行匯通和編排。從所述農學知識來看，亦非常簡要和基礎。可以推斷出作者並非以傳播農業知識爲目的，而是希望通過論述農業經營的要則，以期符合中國人的價值理念，從而實現天主教義的傳播。對《齊家西學》的農學部分進行分析，有助於我們深化對晚明中國特別是山西地區農業經營生產情況的瞭解，也爲我們瞭解彼時西方農學並進行中西農學的對比提供了獨特材料。

作爲最早傳入中國的西方農業文本，高一志向中國人展現了一幅與中國傳統農業有所差別的西方農業景象，雖然作者和校者試圖融匯中西，盡力使其貼近中國人的語言風格和生活實際，但最終並未對中國傳統農學產生影響，以致悄無聲息地湮沒在歷史的塵埃中。

究其原因，一方面文本的編排仍與中國實際有所偏離。如在論述作物時，高一志將西方農業中常見的蠶豆作爲最重要的論述對象，却對中國古代最爲重要的豆類作物大豆隻字未提。實際上，漢代才從西亞傳入的蠶豆並非中國重要的農作物，僅在南方地區或西南部地區有所種植，在中國北方則鮮有種植。而文中兩次提到的白豆極有可能就是地中海地區廣泛種植的白羽扇豆，是一種彼時中國人見所未見的域外作物。

更爲核心的原因在於，17世紀的中國農業技術相較西方仍有較大優勢，對這種來自域外的知識並無內在需求，而且中國農業技術自成體系，外來技術很難融入其中。以土地利用方式爲例，相比歐洲國家的簡單整地技術，中國古人因地制宜，在有限的土地面積壓力下向山要地、與水爭田，創造出圩田、梯田、架田、砂田、桑基魚塘等多種土地利用方式，這些特殊田型與其他國家相比，出現時間早，且技術更爲成熟。[1] 此外，西方對播種後中耕階段的田間管理，幾乎沒有提到，其生產過程只見"兩頭"，不見"中間"，基本不存在中耕環節，而中國傳統農業非常重視中耕，對耘田除草等甚爲重視，這也是中西農業的重要不同之處。[2] 即便是成書早於《齊家西學》二十餘年、所載技術領先於中國的《泰西水法》，也未能在中國農業中激蕩起太多漣漪，遑論並無比較技術優勢的《齊家西學》了。[3]

---

[1] J. Needham and F. Bray, *Science and Civilisation in China*, Volume 6, Part II: Agriculture, pp. 113-129.

[2] 曾雄生、陳沐、杜新豪：《中國農業與世界的對話》，貴州人民出版社 2013 年版，第 251 頁。

[3] 致謝：農業文本比對及導言撰寫過程中，中國科學院自然科學史研究所曾雄生研究員、杜新豪副研究員曾參與討論並提供寶貴的修改意見，特致謝忱！

第二部分

《齊家西學》今注

齊家西學

極西　高一志　譔著

古絳景教堂藏板

遵教規，凡譯經典諸書，必三次看詳，方允付梓，茲鐫訂閱姓名于後。

耶穌會中同學　黎寧石、陽瑪諾、伏若望　共訂

值會　傅汎際　准

齊家西學目錄

齊家西學卷之一目錄

定偶　第一章

擇婦　第二章

正職　第三章

和睦　第四章

全和　第五章

夫箴　第六章

婦箴　第七章

偕老　第八章

再婚　第九章

止

齊家西學卷之二目錄

教育之原　第一章

育之功　第二章

教之主　第三章

教之助　第四章

教之法　第五章

教之翼　第六章

學之始　第七章

學之次　第八章

潔身　第九章

知恥　第十章

止

　　　　　耶穌會中同學　費奇規、龍華民、鄧玉函　共訂

　　　　　　　　　　　值會　陽瑪諾　准

齊家西學卷之三目錄

緘默第十一章[1]

言信第十二章

文學第十三章

正書第十四章

西學第十五章

飲食第十六章

衣裳第十七章

寢寐第十八章

交友第十九章

閒戲第二十章

止

---

[1] 原文目錄中這一卷與其他四卷不同，未在"第X章"前空格。

齊家西學卷之四目錄

僕婢之原　第一章

僕婢之等　第二章

主之職　第三章

主之慈　第四章

主之命　第五章

役之育　第六章

役之教　第七章

役之擇　第八章

役之懲　第九章

懲之法　第十章

役之職　第十一章止

齊家西學卷之五目錄

資財　第一章

農務　第二章

擇田　第三章

擇農　第四章

農職　第五章

治地　第六章

播種　第七章

樹種　第八章 [1]

壅田　第九章

水法　第十章

貯穀　第十一章

養牲　第十二章

禽蟲　第十三章

止

---

[1] 這一章在正文中的標題爲"種樹第八章　移接附"。

齊家西學卷之一

極西　高一志　譔
虞城　楊天精
河東　衛斗樞
　　　段　衮
　　　韓　霖　校

齊夫婦

修身之學備矣，次以齊家，厥屬有夫婦、子女、僕婢、佃徒之四者理，家乃齊焉。

定偶第一章

有夫婦，然後有子女。有夫婦、子女，然後內而僕婢，外而佃徒，種種家務起焉。是故夫婦家之本也，必有正則宜守，定職宜盡焉，如筑室之先樹基也。[1]

蓋造物主從太初時定之矣。厥初生人，止一男一女[2]，配爲夫

---

[1] 出自北宋蘇轍的《新論中》。原句爲："欲築室者，先治其基，基完以平，而後加石木焉，故其爲室也堅。"

[2] 此處應指亞當夏娃，不過，高一志似乎沒有提及二人的名字，不僅因爲本書也針對非基督徒，而且沒有必要在此強調中國人的祖先來源於中國之外。

婦，令傳類爲萬民宗祖，伉儷實定于此。夫開闢之初，生人最急，胡不多婦而一止配一？蓋正則宜如此爾。

古曰：寰宇大室也，各室小寰宇也。[1] 大室一陰一陽，多陰，時序必乖，萬物必亂。各室多陰配一陽，可乎？《易》曰：男正位乎外，女正位乎內。[2] 內外敵體，則一婦不得二夫，一夫亦不得二婦也，審矣。後世不稽物主原旨，有妻復娶妾，正則乖矣。

夫婦和則相慕、相信、相結、相成焉；多則和散信衰而離矣，何定職之能盡乎？蓋婦性易怒、易妒、多疑、多慾，一已難治，何況于多？一婦之子且難教，多婦之子將奈何？夫所營財，賴婦蓄之、增之。多婦，各利其有，家業能勿替乎？多婦之子，厥習半緣母，母恃色爭寵，未能相睦，爲之子者，能相好不相尤耶？

古今明哲，往往垂戒曰："婦者亂倪、禍胎，難服之屬，難免之菑也。其賢者千百中一二而已。"名賢罷辣多嘗曰："娶獲賢者，福也；不娶而自適，乃更福也。"[3] 或詢其難，曰："娶妻之安兩日耳，入室初日，與出喪終日也。"[4] 理學之師柬格辣恆悔結

---

[1] 文藝復興有如下觀念：如同人是小宇宙，房子也是小宇宙。
[2] 語出《周易·家人》："家人，女正位乎內，男正位乎外。"高一志對此做出了有創意的解釋。
[3] 罷辣多即柏拉圖。Socrates: "This is not a choice between good and bad, but between lighter and heavier incommodities" (Non hic est electio, qualis est inter bonum & malum, sed qualis inter leviora & graviora incommode); Joseph Lang, *Polyanthea nova*, Frankfurt, 1607, p. 1254. 這句現在看來沒有古代記載爲依據的話，反映出《聖經·瑪竇福音》十九 21 的三個勸勉（evangelical counsels）之一，即貞潔生活。
[4] Hipponax: "He said to be excited with the wife in two happiest days: the day of marrying her and the day she died" (Binos cum uxore iucundissimos dies agitari dicebat, alterum quo ducitur, alterum quo mortua effertur); Conradus Lycosthenes, *Apophthegmata ex probatis Graecae Latinaeque lingua scriptoribus*, Lyon, 1614, p. 129. 這或許會讓中國讀者聯想到莊子妻子逝世時莊子鼓盆而歌（《莊子·至樂》）的典故。

婚，他日或以婚問，答曰：「魚欲入笱易，欲出笱難。」[1] 第阿日搦志士也，曰：「人于事未行之前，可悔者五，而婚爲之首，以其苦綿綿不絕，未試者不及慮而御之也。」[2] 古名士出妻，友責之曰：「是豈不潔、不妍、不育耶？」名士舉足答之曰：「斯履豈不鮮美乎，詎識其于足弗快乎？」[3] 一士臨終，謂昆弟曰：「吾生平之福，非妻減損之，庶幾備矣。」[4] 噫！一妻不惡，尚減良夫之福；多婦不賢，福寧有幾哉？故前哲明婚姻之勢，或終不娶，或

---

[1] 束格辣即蘇格拉底（Socrates），或譯束格辣德、格辣德。這一關於蘇格拉底的故事原本如下：Asked for advice by someone as to whether he should get married, he said, "With regard to marriage, people are like fish and the baskets for fishing. Those outside want to get in, and those already in (the baskets) want to get out. Be careful that you do not get in such a situation." 出自 Antonius Melissa, *Loci Communes, Socrates,* 1901C。《譬學》下卷第 147 條格言有類似的説法：「婚姻如魚笱。然未入者，尋門而入；既入，欲出不能矣。故曰：'熟思于未入之前，將免不能出之憂也。'」參見李奭學、林熙強主編：《晚明天主教翻譯文學箋注》，卷三，第 161 頁。

[2] 第阿日搦即第歐根尼（Diogenes of Sinope），或譯弟阿日搦、弟阿日搦、的阿日搦。這一關於第歐根尼的故事原本如下：He would praise those who were about to marry and refrained, those who intending to go a voyage never set sail, those who thinking to engage in politics do no such thing, those also who purposing to rear a family do not do so, and those who make ready to live with potentates, yet never come near them after all. 出自 Diogenes Laertius, *Lives of Eminent Philosophers, Diogenes,* 29。這裏省略叙述了其他四件可悔之事，突出了婚姻之苦。

[3] 《達道紀言》的"夫婦"部分有類似的格言：「或出其妻，諸友責之曰：'是豈不潔、豈不妍、豈不生乎？'答曰：'我履豈不文，豈不新，豈不美乎？然吾諸友，猶未知其從何虧吾足。'」參見 Sher-shiueh Li and Thierry Meynard, *Jesuit Chreia in Late Ming China,* p. 279。此處"名士"的語氣要更强一點。由於天主教禁止離婚，這一則故事顯然看起來極爲奇怪，高一志或許更多希望表達婚姻生活之痛苦。

[4] 此處應指古羅馬 Cato 對 Quintus 所言："If the world could be without wives, our life would not be very far from the gods."（Si sine uxoribus mundus esse posset, vita nostra non esset absque diis）參見 Conradus Lycosthenes, *Apophthegmata ex probatis Graecae Latinaeque lingua scriptoribus,* p. 131。

一娶不續。[1] 蓋曰："初渡海者不足異，未遇風浪之險也。再三渡者獨何與？"[2] 理古我[3] 中古明賢也，曾治一國，或勸以嚴命俾人婚娶，賢者曰："婚姻當听其自主，蓋婦女實爲禍階，勿強人也。"[4] 乃知齊一婦之室，聖賢猶難之，況多婦之室，不賢之人乎！

擇婦第二章

擇婦有五戒。[5] 一曰，勿貧富不等。貧，狹陋不堪；富，驕貴難服；等，則心易和齊也。古名賢箴友曰："勿娶富，娶富獲猛伴，弗獲善偶也。勿娶貧，娶貧得賤婢，不得正配也。"從比大峨明師之旨，婦家等夫家，庶免二患矣。[6] 理古峨定國制中，嫁女不

---

[1] 這反映出天主教所讚賞的兩種生活方式：婚姻生活與貞潔生活。

[2] 羅馬詩人 Publius Syrus 有言："He said that the one who was saved from naufrage and entrusted himself once more to the sea was blaming Neptune wrongly."（Eum improbè Neptunum accusare dicebat, qui semel ex naufragio liberatus, iterum mari se credit）參見 Conradus Lycosthenes, *Apophthegmata ex probatis Graecae Latinaeque lingua scriptoribus*, p. 132。

[3] Lycurgus of Sparta，或譯理古峨、利古兒峨、里古兒峨、禮固爾峨。

[4] 《達道紀言》的"夫婦"部分有類似的格言："里古峨時權國政，或勸之出令，使衆姻婚，而違者重究。賢者答曰：'是我所不敢也，婦女乃禍之胎，豈應以強使人服？'"參見 Sher-shiueh Li and Thierry Meynard, *Jesuit Chreia in Late Ming China*, p. 278。此處"賢者"的語氣要更弱一點。這個關於 Lycurgus 的故事出自 Plutarch, *Lives, Lycurgus*。

[5] "五戒"本是佛教用語。

[6] "Aequalem tibi ducito"，參見 Lang, *Polyanthea nova*, 1604, p. 1253。*Polyanthea nova* 未明言答者為誰，高一志在此處認為是比大峨（Pythagoras），即畢達哥拉斯，或譯比達卧拉、比達卧辣。

得裝奩過豐，恐女惡而富者易嫁，賢而貧者難嫁也。[1]

二曰，勿年齒不齊。[2] 理古峨爲國立娶制，戒穉老。穉者氣未完，娶則損其身，弱其學，孱其子；老者氣已虛，娶則耗其力，減其智，夭其子。[3] 茀阿尼智王訊再醮之老婦曰："國法可違，性理不可違。"[4] 謂婦老不復有產理也。或請於茀阿日搦曰："婚何時利？"答曰："幼與老弗利也。"[5] 古譬曰："幼配老，猶穉樹倚朽木，匪久俱敗耳。"

---

[1]《達道紀言》的"夫婦"部分有類似的格言："里古耳峨立制於國，即令嫁，而不備嫁資。或問故，答曰：'吾不欲女之不賢者因備重資，而易出嫁也；亦不欲女之賢者因無備資，而不易出嫁也。'"參見 Sher-shiueh Li and Thierry Meynard, *Jesuit Chreia in Late Ming China*, p. 284。此處的表述要更爲簡潔。這個關於 Lycurgus 的故事出自 Plutarch, *Moralia, Sayings of Spartans*, III, 227: F。與中國不同，在西方，女方家庭必須提供嫁妝。

[2] 此處支持男女同年齡，其理由主要在於女性的生育。這與下文第二卷第一章的論述類似，但第二卷第一章却支持男長女幼式婚姻。這源於《童幼教育》，而《童幼教育》中這一觀念則來自柏拉圖："故吾西先哲定婚配之時，男以三旬，女以二旬。今雖不盡依古法，然亦未甚相遠。男女當是時，血氣清凝，足以保養，心生光明，足以教訓，故乏後者少，率是道也。"參見高一志著，梅謙立編注，譚杰校勘：《童幼教育今注》，第 155 頁。《齊家西學》成書晚於《童幼教育》，高一志此處改變想法，也許是爲了明確反對中國當時的婚姻習慣。

[3] Lycurgus 規定，斯巴達人必須結婚以生育子女，結婚時間不能太早，也不能太遲。

[4] "茀阿尼智王"指 Antigonus Monophthalmos，老婦指 Phila，此處跟原來的故事有相反的含義："For these reasons Antigonus had obliged him [Demetrius, the son of Antigonus Monophthalmos] to marry her [Phila], notwithstanding the disparity of their years, Demetrius being quite a youth [around 18 years old], and she [Phila] much older [late twenties]; and when upon that account he made some difficulty in complying, Antigonus whispered in his ear the maxim from Euripides, broadly substituting a new word for the original, serve: 'Natural or not, A man must wed where profit will be got.'"參見 Plutarch, *Lives, Life of Demetrius*。

[5]《達道紀言》的"夫婦"部分有類似的格言："有問弟阿日搦者：'結婚何時而利？'答曰：'幼者與老者未嘗利也。'"參見 Sher-shiueh Li and Thierry Meynard, *Jesuit Chreia in Late Ming China*, p. 282。這個故事出自 Diogenes Laertius, *Lives of Eminent Philosophers, Diogenes*, II, VI. 54。

三曰，勿娶病弱。病弱者不能生育，即生育，未有不病弱者；不能理家，即能理家，亦不能久也。諺曰："母之胎孕無不傳子，健生健，弱生弱。"娶者盍倣農之播谷種乎，擇其精者，其穡必善矣。

四曰，婦不欲太慧，不欲太癡。慧者過慮踰閑，擅權亂序；癡者不盡本業，不能從良夫指誨也。

五曰，非賢勿娶。蓋賢者縱貧且媸，可以育子理家，古所謂不盜之寶也。不賢雖尊富聰巧，育子必不肖，理家必不成矣。古名士曰："娶妻如擲骰，幸而賢，和樂無已；不幸而不賢，懊恨無已。"[1] 束格辣德嘗曰："吾向逢三患焉。蒙之學字一，貨之缺乏二，妻之猛悍三。雖幸免其二，至三則未能也。"[2] 布路大各[3] 往世聞士，悉數婦之不賢，曰："一室之灾也，良夫之累也，寧靜之敵也，生平之勞也，聯綿之患也，危戰之場也，苦累之媒也，無情之獸也，無底之井也。"名士默南曰："海地之烈獸，未惡婦若也。"[4] 蓋諸獸有術可馭，惡婦無力可服，無法可治也。甚而激言之曰："與配惡婦，寧逢猛虎。"豐所爲西智王，值臣喪不賢之

---

[1] 西方古代確有將婚姻比擬爲擲骰子的説法。
[2] 此處應來自："Socrates used to say that he had suffered three evils: the grammar teacher, poverty and an evil woman; he had already managed to escape the first two, but he could not escape an evil wife."（Socrates dicere solebat, tria se mala affectum: grammaticam, paupertatem & perniciosam uxorem, quorum duo jam effugisset, perniciosam uxorem effugere non potuisse）參見 Lang, *Polyanthea nova*, p. 1254. 現在看來，這段話沒有古代記載作爲依據。
[3] 應爲 Plutarch 即普魯塔克，或譯布路大各、伯路大哥、伯路大、伯路。
[4] "海地之烈獸"應指古希臘神話中的海怪錫拉（Scylla），可見於荷馬史詩《奧德賽》(*Odyssey*)。

妻，慰之曰："幸矣哉！汝妻不亡，汝身汝室不存也。"[1] 古盎博削聖人曰："智士娶婦，所望者非財也，非色也，德而已。"[2] 蓋夫婦之和，子孫之育，家道之昌，獨係于德耳。《聖經》細陳賢婦之善曰：賢婦者，遠方之珍寶，一室之文章，內齊之表儀，良夫之安地，子息之光天，役婢之楨幹，親戚之依歸，窮寒之燠室，憂患之慰堂。幸而獲之，上主之所錫，非人力所能致也。[3]

正職第三章

世物無全能，皆相須以存成也。觀造物主初生一男，即生一女[4]，俾成伉儷，和睦立家，以正道垂萬禩，乃知夫婦之職，首在相眷、相濟、相存、相成矣。一病，一事之；一憂，一慰之；一

---

[1] Alfonso of Aragon 有類似的說法，不過與此處差距較大："Un senese llamado Hugo, que en su tiempo fue excelentissimo medico, ubo por mujer una llamada Ladia, que era del linage de los Sozinos, las personas del qual linage eran gentes virtuosas, mas muy pocas de gran beldad y hermosura. Esta su muger quien era disforme, solia Hugo llamar la buena Ladia, y decia que amaria mas perder todo quanto tenia que a ella." 參見 Becadelli, *Dichos y hechos notables, graciosos y elegantes del sabio rey don Alonso de Aragon*, Anvers, 1554, p. 10。

[2] 應指 Saint Ambrosius 所言："He who seeks the sweetness of marriage should desire a woman not more wealthy than necessary, but adorned with good morals."（Qui suavitatem quaerit conjugii, non superiorem censu ambiat quam necessitates non teneant maritales; non monilibus ornatam, sed moribus）參見 Migne, *Patrologiae latina cursus completus Series latina*, Paris, 1845, vol. 14, p. 423。盎博削，或譯盎伯羅㑺。

[3] 參見《聖經‧箴言》三十一 10—31："賢淑的婦女，有誰能找到？她本身價值，遠勝過珠寶。她的丈夫對她衷心信賴，一切所需要從來不會缺少。她一生歲月，只叫他幸福，不給他煩惱。她弄來羊毛細麻，愉快地親手勞作。……願她享受她雙手操勞的成果！願她的事業在城門口使她受贊揚！"

[4] 值得注意的是，此處並未提及亞當、夏娃之名。

迷，一醒之；一邪，一正之；一流蕩，一簡持之；一死，一殯瘞之。治外者急積聚，居内者勤藏貯，一倡一隨，翕志併力，相資相安，至老未已也。[1]

次則以正道而生育焉。世物屬生死者，未能久存，以傳類爲急，類存即己存也。傳類者非陰陽相合不成。二者一主生、一主孕，一主產、一主育。禽獸生子，亦一爲覆翼，一爲求食，手足拮据，互相存濟；至于人族，更爲明著。孕之懷之、飲之食之，母之職也。提抱既免，教之誨之，疾療之、壯室之，不肖督責之，父之職也。

然外内雖各爲主，而女陰男陽，婦必從夫，以爲起居之表焉。古博學之士<u>布路大</u>嘗曰："婦雖貴且尊，一室之權，悉係于夫也。[2] 正如酒與水合，酒爲主，存色與力，以爲宴會之需矣。[3] 又譬如日月，月主陰，澤下物，光力悉借諸日，倘掩日，非待失其光，且致諸物乖亂；婦之尊榮權力，全係于夫，苟乘勢擅權，必將失榮亂室矣。[4]"

---

[1] 值得注意的是，高一志並未將生育列爲婚姻的第一要務，而是首先提及夫婦的共同生活。

[2] 參見 Plutarch, *Moralia, Advice to Bride and Groom*, II, 308: "There is no advantage in a rich wife unless she makes her life true to her husband's and her character in accord with his."

[3] 參見 Plutarch, *Moralia, Advice to Bride and Groom*, II, 313: "As we call a mixture wine, although the larger of the component parts is water, so the property and the estate ought to be said to belong to the husband even though the wife contribute the larger share." 這裏普魯塔克論及的是夫婦的財產問題。也許高一志的比喻跟彌撒有關，在彌撒中，酒水的攙合，象徵天主取了人性，從而人也分享基督的天主性。

[4] 《達道紀言》的"夫婦"部分有類似的格言："又曰'月登極而圖掩日，必失其光。婦圖爲主，而隱其夫，反失其德。'"參見 Sher-shiueh Li and Thierry Meynard, *Jesuit Chreia in Late Ming China*, p. 287. 此處的表述更爲複雜。這一卷接下來將會數次以日月來比擬夫婦關係。這條格言出自 Plutarch, *Moralia, Advice to Bride and Groom*, II, 399.《譬學》卷上第 19 條格言亦以日月比擬夫妻關係："月失其尭，地間之也；日失其尭，月間之也。日月以無所間而尭，夫婦以無所間而和；有所間，則'白華'之刺作，'谷風'之怨興矣。"參見李奭學、林熙强主編：《晚明天主教翻譯文學箋注》，卷三，第 98 頁。

然夫主婦權，非如君主乎臣，有天澤之殊；神主乎形，有主客之分也。則凡夫視其婦，偶也，非婢也。相接非如外物，骨肉也。[1] 夫之智者，分權于婦，定其職，審其情性才能，而輕重付任之；正如海舶，弘狹深淺，以智衡量，而載之以物也。[2]

和睦第四章

造物主初造一男，遂取男一脇骨，造一女爲配，是萬民之宗祖也。[3] 夫尊于婦，乃造以搏土；婦卑于夫，反造以夫脇，非明示以宜相親和如一體也哉？造畢，命之曰："二人一體，不得休離他適。"[4] 聖保祿詳主旨曰："夫視婦，宜如肢躰眷顧之；婦視夫，宜如元首尊崇之。其道非和不立，家非和不齊也。"[5] 蓋物之勢以是生者，亦以是成。夫婦之配從和生，則育子女、誨僕婢、治產業，

---

[1] 參見《聖經·創世紀》二 22："然後上主天主用那由人取來的肋骨，形成了一個女人，引她到人前，遂說：'這才真是我的親骨肉，她應稱爲女人，因爲是由男人取出的。'爲此人應離開自己的父母，依附自己的妻子，二人成爲一體。"

[2]《達道紀言》的"夫婦"部分有類似的格言："或曰：'海舶巨微，寬窄不等，惟掌之者，以智量其勢，而因載之；宇宙女婦，才能不均，惟夫之智者量，而因權之。'"參見 Sher-shiueh Li and Thierry Meynard, *Jesuit Chreia in Late Ming China*, p. 285。此處顛倒了"海舶"與夫婦的順序。

[3] 這裏敘述的是天主以亞當的肋骨造夏娃的典故。參見《聖經·創世紀》第二章。和前面一樣，高一志未提及二人的具體名字。

[4] 參見《聖經·創世紀》二 24："爲此人應離開自己的父母，依附自己的妻子，二人成爲一體。"

[5] 參見《聖經·厄弗所書》五 22—30："你們作妻子的，應當服從自己的丈夫，如同服從主一樣，因爲丈夫是妻子的頭，如同基督是教會的頭，祂又是這身體的救主。……作丈夫的也應當如此愛自己的妻子，如同愛自己的身體一樣。"

非和何能成乎？諺曰"微業以和長，大業以戾消"是也。《聖經》云：夫婦不和，如兩牛負駕，角觸異適，終致覆車。[1] 又云：造物主所寵世人者三，昆弟親一，鄰里睦二，夫婦和三。而夫婦和爲尤要。[2] 然其和以善，非以邪也。蓋婚姻之配，以相資相益而結也。濟惡恣邪，非夫婦之和，賊黨之盟耳。

善和者，必心和、言和、行和，三者備焉。凡夫婦之志異向者，喪和之本者也。古言曰："夫婦無情，一生不寧。"情和矣，而言可乖乎？蓋言乖猶棘茨也，非特傷衣，并傷體矣。[3]《經》云：言和者息怒，逆者熾之。[4] 言和矣，命令尤不可悖。凡承命者，不能二適，使夫令動而婦令止，夫令南而婦令北，豈能并行之耶？觀琴瑟之絃須調，可証夫婦之行須和矣。[5] 諺曰：金試以石，情試以行，信哉！[6] 夫婦之和如目，二目從一筋而具，雖分左右，然啟閉、上下、寤寐，無時不合也。[7] 夫婦一體，雖職別外內，志向惟

---

[1] 參見《聖經·德訓篇》二十五 11："能與明智的婦女同居，不使牛驢同軛耕作，口舌沒有過錯，及不事奉自己屬下的人，是有福的。"

[2] 《聖經·德訓篇》二十五 1："有三件事，我心中喜樂，這三件事也是上主與世人喜愛的，就是兄弟和睦，鄰人友愛，夫婦同心。"在此，高一志認爲"夫婦同心"最重要。

[3] 參見《聖經·德訓篇》二十五 17："最有損害的，是內心的憂愁；最壞的，是婦女的醜行。"

[4] 參見《聖經·德訓篇》二十三 22："熾烈的情慾，像燃起的火，不到燒完，決不熄滅。"

[5] 以琴瑟來比擬夫婦關係，是中國的傳統，最早見於《詩·小雅·棠棣》："妻子好合，如鼓瑟琴。"

[6] 中國古代有"試金以石，試人以才"的諺語。

[7] 《譬學》卷上第 210 條格言有類似的說法："二目同合、同張、同瞠、同轉，無異也，夫婦正如一心住於二身，同生、同育、同苦、同安，可有異乎？"參見李奭學、林熙強主編：《晚明天主教翻譯文學箋注》，卷三，第 124 頁。《譬學》卷下第 17 條有類似的說法，參見上書第 143 頁。關於眼睛的生理學，艾儒略在《性學觕述》（1640 年）有更詳細的描述："腦內有二筋通目，而授知覺之氣，與其能視之力。其瞳清如水晶，不染一色，故能炤辨萬色。"（4.7）

一,然後成琴瑟之和焉。

蓋夫之德成以三:和于主,和于人,和于己,而和于主爲首。婦之賢亦成以三:和于夫,和于子,和于鄰,而和于夫爲首也。

全和第五章

夫婦貴和矣,而傷和之端有四,不可不審也。曰邪淫,曰嫌疑,曰忿怒,曰踰分。邪淫者,夫婦繇一體而分,又復結成一體,必相親相信,俱順上主之命,不得自主,還相爲主也。二者一有他適,即悖伉儷之義,豈獨婦人邪淫爲罪耶?古名賢曰:"夫婦之和,多係于夫不識他婦,婦不識他夫也。"[1]夫婦之道,如日月之會,爲近遠,未嘗違黃赤二道。日恒施光,月恒接之,因以爲美,遇地影蝕而醜矣。[2]夫婦相從相愛,或近或遠,無不光美;淫邪中隔,榮失和傷矣。

嫌疑者,夫婦之和,本于親愛,愛愈切,和愈固,愛情之勢,不容他情參之。既有嫌疑,則愛情消,和意離矣。人情易變,朝愛暮憎,暮愛朝憎,不自知也。矧魔誘人妒,情好易間,或無他端,而所值事勢人情,稍有齟齬,亦易生嫌。嫌隙一生,理竅必蔽,張胆搆怨,徵色發聲,詬罵不已。謗訐隨之,恨無可泄,或

---

[1] 《達道紀言》的"夫婦"部分有類似的格言:"或問於賢者:'夫婦何以和?'答曰:'其夫不識他婦,其婦不識他夫。'"參見 Sher-shiueh Li and Thierry Meynard, *Jesuit Chreia in Late Ming China*, p. 281。此處"名賢"指 Philo,故事出自 Philo, *The Works of Philo, Extracted from the Parallels of John of Damascus*, 748. B。

[2] 與上文"正職第三章"中關於日月的比喻類似。黃道即地球公轉軌道(zodiac);赤道即天球赤道(celestial equator)。

至自殺，甚或毒傷，以雪其忿。故《聖經》箴夫曰：勿輕生疑，疑則情疏和失，怨恨不止矣。故夫婦之間，謹防嫌隙，偶爾懷疑，且勿外泄，徐稽疑迹，據理緩决之也。豐所爲西國智王，聞談夫婦相嫌者，曰："夫婦求嫌疑不生、和睦不失，必使夫聾婦瞶乃可。"[1]何也？聾則不聞婦之言，不聞人之譖；瞶則不睹夫之失，不睹外至之端也。

忿怒者，女性虛弱易怒，夫性聰剛亦易怒，加以室家之繁，子女之累，婢役之愚，及諸突至不虞之事，夫婦之怒，如火加薪，遇風更熾烈難止矣。上古西國婚者，初祭土神，先去牲膽，焚之神前，以膽者忿怒之室，示夫婦既結，戒忿存和，以齊其家也。[2]故夫婦之賢者，非止預防未怒之先，又多備夫治怒之道。蓋遇觸輒怒者，常情也，智者不免。宿怒不釋者，非人情也，獸之猛也。欲息諸怒，莫若以忍。蓋怒如火，火除薪料，未有不滅者。以忍迎，以默抵，以善處，怒未有不息者也。[3]西土古賢宴一友，妻囂陵不已。友不安，辭，主人留之曰："吾忍三十二載，爾不能忍一

---

[1] 幸福的婚姻需要丈夫聾和妻子盲，這一在西方廣爲傳播的諺語被歸於 Alfonso of Aragon。參見以下兩則："Alphonsus rex matrimonium ita demum tranquillè dixit, si mulier caeca fiat, maritus autem surdus"（Conradus Lycosthenes, *Apophthegmata ex probatis Graecae Latinaeque lingua scriptoribus*, 1555, p. 983）；"Decia que para vivir en paz el marido y la mujer no avia mejor remedio que ser ella ciega y el sordo"（Becadelli, *Dichos y hechos notables, graciosos y elegantes del sabio rey don Alonso de Aragon*, Anvers, 1554, p. 64）。

[2] 《達道紀言》的"夫婦"部分有類似的格言："上古凡婚，必祭於神，而於所祭之牲，必先除膽，然後焚之。膽者乃忿怒之室，意示夫婦既結，甚戒忿怒之端，以致琴瑟之未和也。"參見 Sher-shiueh Li and Thierry Meynard, *Jesuit Chreia in Late Ming China*, p. 286。值得一提的是，高一志在此處用他所認爲的宗教迷信來展示倫理道理。

[3] 此處提到的"忍""默"，下文"齊童幼"部分的第二卷最後兩章和第三卷第一章有詳細闡述。

時乎？"客服其言，妻亦聞而改過焉。[1] 束格辣德上世大賢也，妻山弟伯性悍，或問何以忍之，賢答曰："水車之輪，無時不囂，曾無怨者。吾于妻，亦作是觀耳。"他日一友請問，賢答曰："子室中育雞鵝否？"友曰："育矣。"曰："子何聞其喧聒而不怒也？"友曰："雞生卵矣。"曰："妻亦生子。"[2] 他日又問，答曰："吾欲甘忍外逆，先習忍内逆耳。"[3] 厄勒峨[4] 聖人訓夫婦以和曰："宇内德無不缺，人無不失，欲人忍己，己寧不忍人耶？"則夫勿思其忍于婦者，惟思婦所忍于己者也。婦勿思其忍于夫者，惟思夫所忍于己者也。相忍相恕，庶和不傷也。莫尼加西土聖德婦，夫未從聖教，性甚狼戾，親鄰知而哀之，寬慰焉。聖婦怡然曰："凡女結婚，即聽夫命矣，敢怨哉？"後竟化其夫。[5] 嗟嗟！一生之戾，服而化之，一時之怒，不忍而受之乎？夫婦之和，初雖黽勉，久

---

[1] 《達道紀言》的"夫婦"部分有類似的格言："或請一友坐，妻内囂，客大不安，且欲辭退。主留，謂之曰：'吾三十餘載忍之，爾乃一時，弗能忍乎？'客服。妻咲後致改矣。"參見 Sher-shiueh Li and Thierry Meynard, *Jesuit Chreia in Late Ming China*, p. 283。此處將時間明確爲"三十二載"。這個故事乃蘇格拉底宴請 Alcibiades，悍婦乃蘇格拉底之妻 Xanthippe，出自 Diogenes Laertius, *Lives of Eminent Philosophers, Socrates*, I, II. 36。

[2] Diogenes Laertius, *Lives of Eminent Philosophers, Socrates*, I, II. 37: "When Alcibiades declared that the scolding of Xanthippe was intolerable, 'Nay, I have got used to it,' said he, 'as to the continued rattle of a windlass. And you do not mind the cackle of geese.' 'No,' replied Alcibiades, 'but they furnish me with eggs and goslings.' 'And Xanthippe,' said Socrates, 'is the mother of my children.'" 此處將原本的一次對話改爲兩日進行（"他日"）。參見 Sher-shiueh Li and Thierry Meynard, *Jesuit Chreia in Late Ming China*, p. 69。

[3] 這一關於蘇格拉底的故事原本如下：He said he lived with a shrew, as horsemen are fond of spirited horses, "but just as, when they have mastered these, they can easily cope with the rest, so I in the society of Xanthippe shall learn to adapt myself to the rest of the world." 出自 Diogenes Laertius, *Lives of Eminent Philosophers, Socrates*, I, II. 37。

[4] Saint Gregory the Great, 或譯厄肋峨略、額肋峨略，今譯額我略。

[5] 此處引述的是奧古斯丁之母聖莫尼加（Saint Monica）的故事。奧古斯丁之父帕特里克（Patricius）最初不信教，脾氣暴躁，且敵視聖莫尼加的施捨行爲，但後來信教。

則深而莫解；木板初膠易裂，久則堅矣。夫婦之怒猶火也，非加言薪，匪久撲滅，原情倍復矣。古所謂"相眷之怒，反爲奮情之端，煽和之風"是也。

踰分者，夫婦有定位，越分侵職，失和之繇也。日司乎陽，月司乎陰，躔次度數不忒，時序流行焉，萬物生育焉。[1]里未亞西國名后也，獲王寵，問其道，曰："守內分，不預外政，以夫情爲情，不至逆而失敬。"[2]嗚乎，得之矣！

夫箴第六章[3]

古言曰："臣之表，君也；妻之表，夫也。夫之正邪不通于妻者，無之。"[4]夫欲正妻，以齊其家，莫若結以和，先以善，迪以身，聳以智也。否則拂之、强之、愚之，若狂風强脱人衣，人持愈固，豈若大陽以暖薰人，人自解衣而迎之乎？[5]

---

[1] 參上文"正職第三章"和本章關於日月的類似説法。

[2] 應指 Livia Drusilla，羅馬皇帝奧古斯都（Augustus）之妻。根據 Suetonius 記載，Livia 主要負責家務，不參與政治；不過，根據 Tacitus 記載，Livia 以輔佐奧古斯都治理國家聞名。

[3] 這一章列了六條"夫箴"，色塔拉（Ludovico Settala）在《家庭原則》（De ratione familiae, 1626）中列了十五條丈夫對妻子的義務（Leges & praecepta viri erga uxorem），且內容和順序有所差異。

[4] 《達道紀言》的"夫婦"部分有類似的格言："布路大各曰：'臣之表君，妻之表夫。夫之正邪而不通于妻者，鮮矣！'"參見 Sher-shiueh Li and Thierry Meynard, *Jesuit Chreia in Late Ming China*, p. 286.

[5] 《達道紀言》的"夫婦"部分有類似的格言："夫欲化其婦，而齊其家者，不若以和勸，以善先之；若托強勢，未必成矣。"參見 Sher-shiueh Li and Thierry Meynard, *Jesuit Chreia in Late Ming China*, p. 288. 這個故事出自 Plutarch, *Moralia, Advice to*

次忌懦。物之勢貴中，過、不及，斃等耳。[1]諺曰：風遇朽舶，覆而沉之；婦值懦夫，狎而敗之。信夫！[2]婦性好勝、好自主，遇夫之懦，必駕其上矣。厄知多[3]國有鰐魚，值懼者，怒而追之；敢者，懼焉而退。婦性盡然，讓之而悍，克之則馴矣。古言曰："女子值男之弱，爲豹爲狼；值男之强，爲雞爲羊。"[4]古賢訓其新婚之

（接上頁）*Bride and Groom*, II, 307: "This is the way most woman act. When their husbands try forcibly to remove their luxury and extravagance they keep up a continual fight and are very cross; but if they are convinced with the help of reason, they peaceably put side these things and practice moderation." 此處的表述要更爲複雜，高一志在後半段融入了《伊索寓言》中"風與太陽"的故事。金尼閣《況義》和高一志《譬學》均引述過這個寓言的類似版本，參見李奭學、林熙强主編：《晚明天主教翻譯文學箋注》，卷一，第184—186頁，卷三，第137頁。關於"風與太陽"寓言的分析，參見李奭學：《中國晚明與歐洲文學——明末耶穌會古典型證道故事考詮》（修訂版），生活·讀書·新知三聯書店2010年版，第55—56頁。

[1] Pseudo Aristotle, *Economics* 1.1344a1: "For Providence made man stronger and woman weaker, so that he in virtue of his manly prowess may be more ready to defend the home, and she, by reason of her timid nature, more ready to keep watch over it."

[2] 《達道紀言》的"夫婦"部分有類似的格言："巴西略聖人曰：'猛風遇枵舟，必翻而沉之。狠婦值弱夫，必擾而敗之。'"參見 Sher-shiueh Li and Thierry Meynard, *Jesuit Chreia in Late Ming China*, p. 288。這個比喻出自 Pseudo Basil of Caesarea (c. 330-379), *Admonitio ad filium spiritualem, VIII: De saeculi amore fugiendo*: "Many looking to women have shipwrecked from the way of truth. Therefore, my son, beware... Do not approach a second time to the places where many shipwrecks have occurred."

[3] 即埃及。或譯厄日多。

[4] 《達道紀言》的"夫婦"部分有類似的格言："厄日多國有鱷魚，人懼者更烈而逐之，人不懼而驚而遁矣。婦女之性悉然，人畏而避，發性更虐，人迎而敵攻之，即退而喪膽矣。正所謂女者值男之弱，即爲狼爲豹；值男之强，即爲雞爲羊。"參見 Sher-shiueh Li and Thierry Meynard, *Jesuit Chreia in Late Ming China*, p. 289。Erasmus 以鱷魚比喻膽小的人，但沒有特別提及女人："The crocodile is a formidable object to those who run away from him, but runs away if you pursue him. Like that some people are ferocious if you give away to them and show fear; but if you firmly despise them and stand up, they give way at once"（Desiderius Erasmus, *Collected Works of Erasmus*, trans. Roger Aubrey Baskerville Mynors, Toronto: University of Toronto Press, 1978, p. 250）。與此不同，高一志在文中認爲，婦女可以從一個動物變爲另一個動物。在中國文學作品中也有這樣的故事。

子曰:"爾既新婚,宜制婦,勿爲婦制也。"蓋婦出于夫[1],造物者屬之于夫,婦雖正位于內,權悉屬之于夫,婦竊夫權,一室二主矣。主將變役,何能齊家焉!

三忌嬉。婚姻之道,以節以敬,穢陋之迹,是羞是避。蓋微端啓,大節敗矣。[2]古言曰:"夫寵其妻,宜也。然必以正情,未久不間矣。"[3]或誇無外淫,一聖譏之曰:"醉于室,醉于市,等耳。"[4]蓋恣淫于夫婦間,獨非罪乎?是故夫婦有別,接之以禮,古所云相敬如賓也。西都有名臣,見自戲其妻者,奏褫其職曰:"無閫儀,能襄國政乎?"《易》曰"婦子嘻嘻,失家節"是也。[5]

四忌泄密事。妻爲生死之偶,全體之半,內治之助,室中之事,宜與同謀矣。[6]至室外之務之政,或友所寄之密情,是不可寄于婦者也。婦女之性,喜新輕言,不知密秘,以傳聞爲快。古

---

[1] 應指《聖經·創世紀》中天主以亞當的肋骨造夏娃(二 21),並將對夏娃的控制權交給亞當(三 16)的故事。
[2] Pseudo Aristotle, *Economics* 1.1344a 18: "A man does wrong to his wife when he associates with other women." Ludovico Settala, *De ratione familiae (1626)*: "Tertio, non fit vir adulater, non fornicator." (Editio nova, 1755, lib. 2, cap. 33, p. 115)
[3] 丈夫應以適合的方式與妻子行夫妻之事,如色塔拉所論:"Fourth, the husband should accomplish towards his wife the duty of nature in a chaste, opportune and moderate way."(Quarto, tributum debitumque naturae, uxori caste, opportune & moderate solvat)Ludovico Settala, *De ratione familiae*, lib. 2, cap. 33, p. 115.
[4] 《達道紀言》的"夫婦"部分有類似的格言:"或自誇無奸,適一聖聞之曰:'醉於本室,醉於他室,非等乎哉?'"參見 Sher-shiueh Li and Thierry Meynard, *Jesuit Chreia in Late Ming China*, p. 285。這表明,性生活倫理必須在夫婦關係中得以貫徹。如果丈夫放蕩,便等同於將妻子視作情人或妓女。
[5] 參見《周易·家人》:"家人嗃嗃,未失也。婦子嘻嘻,失家節也。"
[6] Pseudo Aristotle, *Economics* 1.1344a 5: "While he brings in fresh supplies from without, she may keep safe what lies within. In handicrafts again, woman was given a sedentary patience, though denied stamina for endurance of exposure; while man, though inferior to her in quiet employments, is endowed with vigor for every active occupation."

昔賢士三算者，蒙主佑，賜大力，千萬人莫敵也。妻欲聞得力之繇，夫初不泄，後巧探知之，未幾爲敵迫而泄，致喪其夫。故《聖經》戒人曰："勿示爾心于婦，將辱爾。"[1] 西土或訴于賢安弟法搦，以妻漏密事，賢者責之曰："非妻之罪，寄密于婦，與妄漏于衆，無異也。"[2] 加多上古聞士，每曰："常悔者有三，泄密秘于妻者爲大。"[3] 夫男子剛正，猶不能自含密情，豈能望于柔弱之女子哉？

五忌私愛。婦性甚狡，誘夫從己，必恃愛情取信，既獲寵信，然後惟所欲爲也。[4] 撒羅滿古名王，蒙主異寵，賜以智能，超越諸王，初謹于事主，勤于國政，尋迷于臣妾，忘本敗政矣。[5] 故名賢戒其子曰："恃妻愛以齊家，終致濟惡也。"古言曰："佞人婦人，

---

[1] 此處所述乃《聖經·民長紀》第十六章所載猶太人民長三鬆（Sanson）的故事。三鬆與德里拉（Delilah）交好，將其力量的秘密透露給德里拉，導致其被擒下獄，剜去雙眼。後恢復力量，伺機殉身復仇。與此處不同的是，《聖經》所載三鬆的妻子並非德里拉，而是另有其人。

[2] 參見古希臘喜劇詩人 Antiphanes 的喜劇殘章第 253 條："What this you say? You tell something to a woman when you want to keep a secret? You might as well announce it to all the heralds in the marketplace." 這裏更改了場景，將 Antiphanes 的角色設置爲法官。

[3] 加多即老加圖（Cato the Elder），或譯加篤。西方確有關於古羅馬將軍老加圖的類似記載："And as for repentance, he said he had indulged in it himself but thrice in his whole life: once when he entrusted a secret to his wife; once when he paid ship's fare to a place instead of walking thither; and once when he remained intestate a whole day." 參見 Plutarch, Lives, The Life of Cato the Elder, 9.6. 原文並未特別強調"泄密秘于妻者爲大"，但將其列於第一條。

[4] Pseudo Aristotle, Economics 1.1344a 18: "As regards sexual intercourse, wives should neither importune their husbands, nor be restless in their absence; but a man should accustom his wife to be content whether he is at home or away."

[5] 根據《聖經·列王紀（上）》相關章節記載，以色列國王撒羅滿（Solomon）在位期間蒙天主福佑，爲國家和自己積累了大量財富，後大量迎娶異國妻妾，信仰異國神祇，天主遷怒，致其死後，國家分裂敗落。

圖欺人，必飾言色以媚之，因以陷之。"智者于婦之愛，非惟不恃，且慎之矣。

六勿慢勿吝。婦與夫既一體，則夫輕其婦，即輕其體，以至輕其子也。[1] 古名哲曰："輕妻不敬，是以妻為婢，以子為奴，以己為役也。"[2] 田之茂荒，係于溉澤多寡。夫于其婦，敬之厚之，非特安其心，養其志，且使澤一家也。如日之照月，光輝盛滿，萬物豐美。[3] 倘失敬與惠，使妻失志，子失養，室家之道衰矣。

婦箴第七章 [4]

賢婦之節，古哲約之以五：一毋好飾，二毋好游，三毋好言，四毋好閒，五毋好奢。[5] 毋好飾者。以好飾非假為妍美，必掩其醜惡也。[6] 古名聖曰："文飾過分者，傲之旗，魔之媒，妒之招，資

---

[1] 夫婦一體反映出基督宗教的觀念。此外，關於家庭產物，也參見 Pseudo Aristotle, *Economics* 1.1344a22: "Of property, the first and most indispensable kind is that which is also best and most amenable to Housecraft"; Aristotle, *Politics* 1.3 1253b10: "We have therefore to consider what each of these three relations is and ought to be: I mean the relation of master and servant, the marriage relation, and thirdly, the procreative relation."

[2] 參見色塔拉所論："Fifth, the wife should not be treated as a servant but as a partner."（Quinto, ut uxor, socia, non ut serva tractanda）Ludovico Settala, *De ratione familiae*, lib. 2, cap. 33, p. 115.

[3] 參見上文"正職第三章""全和第五章"三處關於日月的類似比喻。

[4] 這一章列了五條"婦箴"，色塔拉在《家庭原則》中列了三十六條妻子對丈夫的義務（*Praecepta connubialia uxoris erga maritum*），且內容和順序有所差異。

[5] 值得注意的是，色塔拉在其書中列舉了丈夫的十五條義務，妻子的三十六條義務，《齊家西學》此處僅列舉了丈夫的六條義務，妻子的五條義務。

[6] Pseudo Aristotle, *Economics* 1.1344a20: "As regards adornment: it is not well that souls should approach one another in borrowed plumes, nor is it well in the case of bodies."

之蠱也。"比大峨曰："婦女之正飾，非珍衣也，貞德也。彼時壞、此時盛，彼招妒、此起敬，彼誨淫、此防淫。"[1]豈不信哉！費樂古賢之妻，遵夫命，未嘗加飾于首。或問之，答曰："吾以良夫之德爲首飾也。"[2]又有智士曰："賢婦專于内飾，不暇外飾，正以无飾爲飾也。"或問于賢婦曰："貴室之婦，多佩珍香，汝獨否，何也？"答曰："无香正爲貞婦之香。"旨哉言與！然女勢不等，相宜之飾，亦不可廢，取其宜，存其体，順其夫，非特不傷義損貞，尚有益于内知也。儒理亞廉王之女，婚夕，斥文綉不御，次日乃盛飾。父問故，對曰："昨悦父目，今悦夫目矣。"[3]然夫之智者，所責于妻，非衣之華，惟德之美耳。蓋凡婦女飾于外，必荒于内也。

毋好游者。婦專閫内，督家政，好游者廢職啓疑。束格辣德大賢也，妻遇客集，將出觀，賢責之曰："爾出非欲見人，乃欲見于人也。"[4]古士蘇爾彼治家甚嚴，妻出不隱面，爾彼黜之曰："凡婦出必隱面，以内顯其夫也。爾欲見于人，則非我妻

---

[1] 畢達哥拉斯的這一說法參見 Perictyone, *On the Duties of a Woman*: "Their bodies she will adorn without any superfluous ornaments, and will both speak and hear such things only as are beautiful and good."

[2] 《達道紀言》的"夫婦"部分有類似的格言："費樂爲賢，其妻儉約。或問：'何獨不用瑜伽首飾耶？'曰：'吾以夫之名德爲飾。'"參見 Sher-shiueh Li and Thierry Meynard, *Jesuit Chreia in Late Ming China*, p. 280. 此處省略了問話，更能突出其妻的回答的效果。這個故事出自 Philo, *The Works of Philo, Fragments preserved by Antonius*, SER. CXXIII: "When once the wife of Philo was asked in an assembly of many women why she alone of all the other women did not wear any golden ornaments, she replied: 'The virtue of a husband is a sufficient ornament for his wife.'" 本文中可以直接聽到女性聲音的段落不多，這是其中一處。

[3] 儒理亞可能指羅馬帝國的某一任皇后 Julia。

[4] 在"全和第五章"，蘇格拉底的妻子 Xanthippe 已出現過一次。這個故事暫時找不到古代記載。

矣。"[1] 昔歐玻名哲，聞一友譽鄰婦，責之曰："妻各有夫，不宜爲人識，况譽之耶？"[2] 月會日時，絕不見，少離少見，正對光滿矣。賢婦反是，對夫則可見，去夫遠，隱愈深矣。[3] 婦之出游，見所不宜見，聞所不宜聞，歸而外誘之倪，時躍于心，潔者污，静者摇矣。珍服鮮衣，固藏于匱，百載弗損，一着染塵，艷色失矣。近古名聖自道曰："出接外物而歸，不若未出時純潔。況婦女耶？"蓋婦女之貞如玻璃，微氣噓之，足以污之也。

毋多言者。多言婦之常態，古曰"婦性彌短于力，彌長于舌"

---

[1] 蘇爾彼指 Gaius Sulpicius Gallus。參見 Valerius Maximus, *Memorable Deeds and Sayings*, Book 6, 3.10, trans. S. Speed (1678): "Terrible also was the matrimonial rigour of C. Sulpicius Gallus, who divorced his wife, because he understood that she went outside with her head unveiled. This was a harsh sentence; and yet there was some reason for it. 'For the law,' said he, 'confines you to have no other judge of your beauty but my eyes; for these adorn yourself, make yourself fair only to these, and believe their judgment. Any further sight of you, where it is needless, must of necessity be suspicious and improper.'" 也參見 Ludovico Settala, *De ratione familiae*, lib. 2, cap. 18, p. 71。根據古羅馬法律，已婚女性在外必須穿女袍（palla）遮蓋面部。

[2] 此處"歐玻"指西西里島詩人 Epicharmus of Kos（公元前約 550—約前 450）："If you marry a wife who goes out often, talks a lot and spends money, then you know that you shall not have a wife but you are be taught through the life of unfortunate people." (Si uxorem domo frequenter exeuntem duxeris, loquacem & somptuosam, non uxorem te habiturum scias, sed instructum per vitam infortunium) Ludovico Settala, *De ratione familiae*, cap. 18, p. 71. 也參見 Conradus Lycosthenes, *Apophthegmata ex probatis Graecae Latinaeque lingua scriptoribus*, 1555, p. 154。

[3] 《達道紀言》的"夫婦"部分有類似的格言："月會於日時不見，始離於日始見，及正相對爾，至光矣。賢婦悉反是也，惟其夫在時可見，夫離愈遠，其隱愈深。"參見 Sher-shiueh Li and Thierry Meynard, *Jesuit Chreia in Late Ming China*, p. 286。這個故事來自普魯塔克："Whenever the moon is at a distance from the sun we see her conspicuous and brilliant, but she disappears and hides herself when she comes near him. Contrariwise a virtuous woman ought to be most visible in her husband's company, and to stay in the house and hide herself when he is away." Plutarch, *Moralia, Advice to Bride and Groom*, II, 305. 亦參見前文"正職第三章""全和第五章""夫箴第六章"關於日月的類似比喻。

是也。[1] 又曰："老人、婦人、童子，所不能守者，緘默也。"古諺曰："急流可止，婦言難禁。"是故賢婦稀言，《聖經》所貴，謂一稀言，而智、廉、貞、謹諸美具見矣。[2] 不然，露其身與室，及諸人之短，啓紊亂之端，不淺也。古之名哲嘗曰："人之屋皆有二門，以漏其情。一戶之口，一妻之口。"人戶皆知嚴防，妻口率多疏略，何也？夫一言僨事，智夫寡言，猶或疾之，況愚婦之多口哉！

毋好閒者。閒，諸惡之媒也。正務一息，邪念旋萌；內工既輟，外誘迭進矣。婦之正職，主于閫內，无多間歇，好閒者家政必荒矣。《聖經》云："閒致匱乏。"[3] 則富室之患，莫甚于好閒之婦也。昔一婦問于賢者："貧何繇富？"答曰："以織以育而已。"令婦好閒，則織育之功廢，欲富難矣。蓋富者以閒而貧，則貧而閒者何繇富耶？上世聞士嘗曰："與娶尊富，寧娶卑寒。"蓋習閒易貧，苦工易富。以故《聖經》詳敘賢婦之德曰："或勤織絡，或囑婢役，或治子女，或受外積，或施內儲，或補夫缺，或應室務，朝夕拮据。因而寵于夫，孝于子孫，敬于鄰里，戴于姻親。"[4] 榮福之備，豈好閒者所能致哉！

毋好奢者。婦人未經積財之苦，未試年老之難，迷于華麗之餙，費出无經。故《聖經》譽賢婦之德，必述其善存良夫所聚之資也。[5]

---

[1] 西方古代確有婦女較之男性短於力量而長於舌頭之說。中國古代亦有"長舌婦"之說。
[2] 參見《聖經·箴言》十七28："智者必沉默寡言，達人必心神鎮定。"
[3] 參見《聖經·箴言》十九15："閒蕩的人，必要挨餓。"
[4] 類似的說法參見上文"擇婦第二章"最後一句話。出自《聖經·箴言》三十一10—31。
[5] 參見《聖經·箴言》三十一10—12："賢淑的婦女，有誰能找到？她本身價值，遠勝過珠寶。她的丈夫對她衷心信賴，一切所需要從來不會缺少。她一生歲月，只叫他幸福，不給他煩惱。"

先知者，圖夫婦之道，畫二牛並耕，致禾稼盛茂。意示夫婦既任婚姻之駕，應合志併力，致家資之盛耳。倘一勤一怠，一聚一散，則財何繇聚，業何繇盛哉？古賢訓婦寓言曰："蜩螗之虫，夏月喧嚣不止，不慮積儲，冬月乏食，苦死矣。婦之愚者如之。"[1] 故曰：智婦勤工，增夫之積，用時與奢寧儉，所以禦日後之難，杜其夫與子之怨也。

至若濟窮賑患，則反是。[2] 蓋造物主豐爾產，加爾資，非欲私之，欲公之。積德于近，備功于後也。財資之豐，大不如仁慈之美。捐資以加仁功，更益之矣。所施財物，如貸人而取息也。《聖經》每云："凡爾所施于貧者，物主受之，如施于己，豈不百倍報之耶？"[3] 又云："爾施于人，主必施于爾。"[4] 又云："知捨于窮者不能窮。"[5] 何也？施如稼然，稼一而穡十也。[6] 物主至慈至優，何曾見吝于生民乎？爾未生，主尚生爾；爾未求，主尚與爾；爾未富，主尚富爾。倍爾業，豐爾產，不圖爾利爾報也，況爾發

---

[1] 出自《伊索寓言》中的著名的"螞蟻和蚱蜢"寓言。
[2] 這一章的五個勸告均較為消極或負面，但在最後"毋好奢"的一部分積極推動女性參與慈善工作，並提供許多聖經記載為依據。在歐洲文藝復興時期，很多婦女積極參與這樣的工作。在中國晚明，婦女同樣在功德會或類似的組織裏參與慈善工作。在高一志居於絳州時期，絳州發生飢荒，段袞的姐妹參與了救助工作。參見 George Dunne, *Generation of Giants*, Notre Dame University Press, 1962, p. 305。
[3] 參見《聖經·創世紀》二十六 12："依撒格在那地方耕種，當年就得了百倍的收成。"
[4] 參見《聖經·箴言》十九 17："向窮人施捨，是借貸於上主；對他的功德，上主必要報答。"
[5] 參見《聖經·箴言》二十八 27："樂施濟貧的，決不會匱乏；視若無睹的，必飽受咒罵。"
[6] 將施捨與播種相關聯，可以追溯到《聖經》，參見《聖經·哥林多後書》九 5—6："所以我認為必須請求那幾位弟兄先到你們那裏，把你們從前所應許的大量捐助先準備好，齊備得好像是出於大方，而不是出於小氣。再一說：小量播種的，也要小量收穫；大量播種的，也要大量收穫。"佛教亦有類似的說法。

慈志施，爾積報主恩，則豈至廢爾功，不鑒之、償之、厚之耶？《經》云："授福于受。"[1] 蓋主于授受之際，必不欲負也。古之名聖曰："物主于人，若爭競然。此以減損，彼以增益，此以奉命而施，彼以嘉忠而報也。"又有聖人嘆曰："異哉施捨之功，授受之際，利益多歸于授者，何也？受者仍多空乏，授者其富依然，未見損減，仁德之功，且倍積矣。"[2] 故知賢婦于斯，寧奢无儉。夫之仁智者，非特弗禁之，尚以是誨之。因建奇功，福其室于无窮矣。

偕老第八章

或問：既結婚，可復出否？答曰：考《聖經》，造物者初生夫婦兩人，令其和諧，生育子孫，偕老不離也。[3] 天主降世時，或以出妻爲問，主立明訓曰：一夫一婦，上主所結，苟非大故而棄妻他娶、棄夫他適，即負罪上主，不可逃也。聖釋注曰：婦蒙不潔，失婦義也，謂之大故。[4] 夫與分榻絕之，然不復他配，婦亦不他嫁，各守其節，或悛則復和。不然，夫婦俱罹淫罰。是爲大主定規，

---

[1] 參見《聖經·宗徒大事録》二十35："施予比領受更爲有福。"
[2] 參見《聖經·箴言》十一24—25："有人慷慨好施，反更富有；有人過於吝嗇，反更貧窮。慈善爲懷的人，必得富裕；施惠於人的人，必蒙施惠。"
[3] 參見《聖經·創世紀》二24："爲此人應離開自己的父母，依附自己的妻子，二人成爲一體。"《聖經·格林多前書》七10："至於那些已經結婚的，我命令——其實不是我，而是主命令：妻子不可離開丈夫。"
[4] 參見《聖經·瑪竇福音》十九9："如今我對你們説：無論誰休妻，除非因爲姘居，而另娶一個，他就是犯姦淫；凡娶被休的，也是犯姦淫。"

萬不可悖也。緣是先賢每曰："市器物者，先試以定取舍；配婦不然，婚既結，雖愚醜病老，終身不離也。"當時聖徒問曰："婚姻之勢，如是迫切，則配娶似爲不利也。"主答曰："是福不可勝言，然非愚俗所及也。"[1]

世道非伉儷不成，伉儷非永和難全，則休離斷斷不可。一休離，多致患孼，啓釁隙，傷親情，招謗議。婦棄原夫他適，辱身傷倫，爲衆厭棄；休婦他配，獨不爲醜乎？妻出所遺子女，受辱沒，世難雪。夙昔密情，生平恩惠，一旦漏泄消亡，婦之眷屬婢役，怨恨憂傷，家業潰散，一室之中，何恃而不敗耶？故夫之智者，偶遇嫌隙，不輕信，即信，不妄言，言亦不敢大露以取辱。古言曰："火始熾，勿加之薪；疑始萌，勿加之意、勿加之言。"愚者昧是，圖雪辱而反加辱矣。[2]

再婚第九章

或問：喪偶再婚可乎？曰：可。夫婦固主所立，生死相依，不失正節，則初婚再婚，義也、禮也，弗犯上主之命。較論之，不復婚者，節更高矣。以實理驗之。[3]

一曰，人以貞潔類天神，超世俗；婚姻則類地獸，從陋俗

---

[1] 以上一段話似乎呼應了《聖經·瑪竇福音》十九 3—12 耶穌關於婚姻的教誨。
[2] 關於怎樣處理婚姻生活中的嫌隙，亦參見上文"全和第五章"。
[3] 參見《聖經·格林多前書》七 39—40："丈夫活着的時候，妻子是被束縛的；但如果丈夫死了，她便自由了，可以隨意嫁人，只要是在主內的人。可是，按我的意見，如果她仍能這樣守下去，她更爲有福：我想我也有天主的聖神。"

矣。鰥寡之節，較之婚姻之節，更貞更潔。《聖經》較列二貞之功報曰："守一夫一婦之貞者，報如種一而收三十；守鰥寡之貞者，如種一而收六十。"則守節之貞，高于婚姻之貞，如六十之于三十矣。[1] 保禄聖人，昔親領主教，并宣傳之命者，其論婚配之禮曰："凡喪偶而復婚，非罪也。然不若守節，更爲祥福，更爲奇特矣。"[2] 中華之制，凡有節婦，朝廷旌之，親友賀之，後世表之。[3] 貞節非高于再婚者，東西諸國，何以共尊寵之耶？

二曰，夫在，則婦必聽命，不得自主也；婦在，夫配之，不得自主其身也。[4] 故曰：夫婦互主互役，終身不得休離。罷西略名聖[5]

---

[1] 參見《瑪竇福音》十三 8："有的落在好地裏，就結了實：有一百倍的，有六十倍的，有三十倍的。"熱羅尼莫（Saint Jerome）在致 Pammachius 的書信中解釋如下："Yields of one hundredfold, of sixtyfold, and of thirtyfold may all come from one soil and from one sowing, yet they will differ widely in quantity. The yield thirtyfold signifies wedlock, for the joining together of the fingers to express that number, suggestive as it is of a loving gentle kiss or embracing, aptly represents the relation of husband and wife. The yield sixtyfold refers to widows who are placed in a position of distress and tribulation." 參見 Philip Schaff, *Nicene and Post-Nicene Fathers*, Second Series, Vol. VI Jerome, New York: Cosimo Classics, 2007, p. 67。

[2] 寡婦守貞不是必須的義務，而是更好的選擇。參見《聖經·格林多前書》七 8—9："我對那些尚未結婚的人，特別對寡婦說：如果他們能止於現狀，像我一樣，爲他們倒好。"

[3] 漢宣帝曾表彰貞潔烈婦，但演變爲社會習俗則在宋代理學興起之後。

[4] 參見《聖經·格林多前書》七 4："妻子對自己的身體沒有主權，而是丈夫有；同樣，丈夫對自己的身體也沒有主權，而是妻子有。"

[5] 罷西略爲 Saint Basil of Caesarea，或譯罷洗略、巴西略。參見 "Homily VII", in Basil, *Letters and Select Works*, ed. Philip Schaff, Nicene and Post Nicene Fathers 2, Grand Rapids: Christian Classics Ethereal Library, 1899, pp. 329-330: "Although formed of two bodies you are united to live in the communion of wedlock… However hard, however fierce a husband may be, the wife ought to bear with him, and not wish to find any pretext for breaking the union. He strikes you, but he is your husband. He is a drunkard, but he is united to you by nature. He is brutal and cross, but he is henceforth one of your members, and the most precious of all."

甚言婚姻之苦曰："結婚非他，同鎖之雙囚也。相牽相隨，無可逃可別之理，故相就相忍，且同負養育，及家務重任，至歿可寧息也。"至一偶亡，婚結遂釋，乃得自主自適矣，何須復婚，失所新得自專之權乎？魚幸出笱[1]，禽幸出籠，知戒于後，民之靈者，不如鱗羽之愚，傷哉！

三曰，婚姻之苦，甚繁甚重，無處不遇，無時可免也。婚而悔者，十九也；婚而安者，十一也。幸免矣，復投其中，謂之何哉？既免大海之險，而復求漂洋，自致死浪中，不足憐恤矣。[2] 亞你亞西土賢婦也，嫁賢士而寡，所親計奪其貞，志婦固辭曰："復嫁者賢耶？未免恆懼其失。不肖耶？未免恆悔其得。"竟誓志不改。[3] 若味亦西名士也，偶鰥，女亦寡，父勸女復嫁，女對曰："父不復娶，我可復嫁耶？"父曰："吾懼不得前婦之賢。"女曰："吾亦懼不得前夫之善也。"父子甘貞節，享靜潔之樂，終身不悔。

四曰，凡已經婚配之累，非有大故，復續婚者，是必昧于事、沉于欲、薄于情者也。賢婦哇勒亞喪夫守節，或勸以嫁，答曰：

---

[1] 上文"定偶第一章"將人入婚姻比作魚入笱。
[2] 上文"定偶第一章"將婚姻比作渡海。
[3] "After the death of her husband, Annia was exhorted by her friends to remarry since she was young, healthy and very good looking. One friend advanced the hope of children, and another promised mutual love. But she said that this thing would not happen to her: if she marries a good man, she does not wish to live in the fear of losing him; but if she marries a bad husband, how foolish it would be to accept after such a good husband." (Annia cum ab amicis adhortaretur, ut post defunctum priorem maritum, alteri nuberet, cum aetas sit & integra, & forma praestantissima adhuc, quorum alterum praeberet spem prolis, alterum promitteret amorem mutuum: Nullo, inquit, pacto hoc factura sum, si enim bono viro nupsero, nolo posthac timere ne amittam; sin vero malo, quae me caperet dementia, ut post optimum tantum admitterem?) 參見 Conradus Lycosthenes, *Apophthegmata ex probatis Graecae Latinaeque lingua scriptoribus*, 1555, p. 145。

"前夫雖死于人,未死于我,復嫁何爲?"[1] 玻齊亞氏父夫俱西名士,夫亡,憂不止,或責之曰:"憂至何日方止?"答曰:"終之日,止之年矣。"[2]

雖然,或無後,或妙年,志願未確,力量不及,危于時勢,苦于日用,再婚可也。保祿聖人每曰:"與燃以慾火,寧婚而免燃乎。要之非其至也。"[3] 西諸國依古聖立規,守貞者衆尊戴之,缺乏則周恤之,不使困以致改節也。[4] 繇是盎博削聖人勸民守節曰:"凡

---

[1] 《達道紀言》的"夫婦"部分有類似的格言:"黴勒里亞賢婦,喪夫居節。或勸之嫁,答曰:'夫雖已死於人,未死於我。'"參見 Sher-shiueh Li and Thierry Meynard, *Jesuit Chreia in Late Ming China*, p. 280. 此處將主角的名字改爲哇勒亞。"黴勒里亞"或"哇勒亞"指 Valeria:"Valeria, sister of the Messalae, was asked why she does not wish to remarry after the death of her husband Servius, but she replied: As far as I am concerned, my husband Servius may be dead to others but he is still alive in me and he lives forever."(Valeria Messalarum soror, cum à quodam rogaretur quam ob rem defuncto Servio marito, nulli posthac nubere vellet? Ideo, inquit, hoc facio, quia Servius meus, licet aliis defunctus sit, apud me vivit, vivitque semper) 參見 Conradus Lycosthenes, *Apophthegmata ex probatis Graecae Latinaeque lingua scriptoribus*, 1555, p. 145; Jerome, *Ad Jovinanum* 1.46。值得注意的是,雖然 Valeria 不是基督徒,她似乎仍相信丈夫的靈魂並未消亡。

[2] 此處指 Cato Minor 的次女 Portia Minor: "Since she had mourned her husband for a long time and was asked what the final day of her mourning would be, she answered, at the end of my life."(Eadem cum diutius lugeret maritum, rogata quem esset habitura diem luctus ultimum, respondit, quem & vitae) Conradus Lycosthenes, *Apophthegmata ex probatis Graecae Latinaeque lingua scriptoribus*, 1555, p. 145. 不過,似乎 Cato 只有一個女兒(Martia)。伊拉斯謨冠以 Martia 之名講述這個故事。參見 Erasmus, *Apophthegmatvm Ex Optimis Vtrivsqve Lingvae Scriptoribvs*, Libri IIX, Venezia, 1590, p. 653。也許 Lycosthenes 重述這個故事時犯了錯誤,使得高一志犯了同樣的錯誤。

[3] 參見《聖經·弟茂德前書》五 11—14:"至於年輕的寡婦,你要拒絕錄用,因爲當她們情慾衝動違背基督的時候,便想再嫁。……所以我要年輕的寡婦再嫁,生養兒女,治理家務,不給敵人以誹謗的任何藉口。"

[4] 參見《聖經·雅各伯書》一 27:"在天主父前,純正無瑕的虔誠,就是看顧患難中的孤兒和寡婦,保持自己不受世俗的玷污。"《聖經·弟茂德前書》五 3:"要敬重寡婦,即那些真正做寡婦的。"在歐洲文藝復興時期,有專門的慈善機構幫助寡婦。

喪偶，勿慮子處。蓋貞潔者好獨好隱，天神爲之伴矣。"[1] 且無慮無以爲生，蓋天主自保爾命，掌爾務，且令仁士敬慕濟救不已也。[2] 倘曰所有子女，望再婚教育之，乃再婚者，多棄前子，育後子，或分心分力于兩子，不仁不公之罪難免矣。又或曰，再婚求後，能必再婚必生育乎？生育矣，能保其必存乎？存矣，能保其克肖乎？數者一不如意，悔何及哉！此大聖至論，非以貶再婚，用以醒愚俗，冀不迷于世情之淺陋，致棄貞潔之美功焉耳。

終。

---

[1] Saint Ambrose, *De viduis liber unus*: "Say not, 'I am alone.' Chastity seeks solitude: the modest seek privacy, the immodest company." 參見 Ambrose, *Letters and Select Works*, ed. Philip Schaff, Nicene and Post Nicene Fathers 2, Grand Rapids: Christian Classics Ethereal Library, 1899, p. 401。

[2] 參見《聖經・申命記》十 18："因爲上主你們的天主是萬神之神，萬主之主，偉大、有力、可畏的天主，是不顧情面，不受賄賂，爲孤兒、寡婦主持正義，友愛外方人，供給他們食糧和衣服的天主。"《聖經・聖詠》六八 6："天主常在自己的聖所內居住，是孤兒的慈父，是寡婦的保護。"

齊家西學卷之二

極西　高一志　譔[1]
虞城　楊天精
河東　段　袞
　　　韓　霖　校

齊童幼

夫婦之學已明，次以生育而教子之道當講矣。余既以《童幼教育》書別行，實齊家西學一大支也，茲詳列如左。

教育之原第一章

造室者先築其基，佃田者先墾其地，養幼之道，必以二親爲基地。蓋父母之清濁正邪，大都傳於所遺之種。故欲免後之不肖，必慎於婚媾之初，而慎之道有三：一曰配以時，二曰擇以賢，三曰交以正。三者廢一，而教育之道病矣。

夫婚娶而計養育，誠人道急務哉，然必俟其時，勿以蚤基害。彼摯尾有時，非時弗鳴，配在鳥獸猶明矣。蓋養育主力與氣，力

---

[1] 此處原本爲"撰"，其他四卷均爲"譔"，據此訂正。

因年長,氣因時清。棘欲蚤婚,安能即産?即産,或弱不能存。譬穀種未熟滿而播之,必弗生;即生,亦易壞也。夫生育大道,乃急爲子受室,欲繼嗣,反乏嗣,不亦愚哉?即使童幼夫婦,倖養而成,未能治身,安能教子?故吾西先哲定婚時,男以三旬,女以二旬。今雖不盡然,亦未甚相遠。蓋必是時血氣清凝,足以生養,心志光明,足以教訓,故乏後者少,成德者多也。

婚姻之道,不惟其美,惟其稱。首當慎年,蓋老婦得少夫,老夫得少妻,均可醜也,且雖有時生育,然能成功者少矣。次當慎血氣。果核爲蟲蝕,苗秀花實多如之,諸品皆然,獨傳元祖美種,可不加愼乎?嘗見人家相承惡疾,不能復立者種種,可哀也。[1]

既年合而血氣清矣,又當察其性情。或欲貿鏡,匪獨觀其貴美也,先試其對正像否;欲婚姻者,可獨計其貴美,而不察其性之和順也耶?昔西賢后聞名臣有娶貴美而無德者,嘆曰:"夫夫也,婚媾惟隨目而已。"曩有賢士,聞窮士娶貴室者,笑曰:"此人也,往得主人矣,可謂娶婦耶?"凡世間妖孽,皆繇于二氣不和,故夫婦情乖則禍搆,尚望成養育功乎?往有智者,數年約婚不就,或譏之,答曰:"買田植穀,猶兢兢焉,密察無已;娶妻植後,顧可草草乎?況買田有誤,猶可改也;若擇妻有誤,莫可移

---

[1]《童幼教育》對應部分爲:"婚姻之道,不惟其美,惟其稱。所謂稱者有二焉:於身、於志。身者,相配合者也。蓋老婦得少夫,固爲可醜,即老夫得少妻,雖有時能成生育之功,然不能成者多矣。次所當慎者,則彼此之精神也。果核爲蟲所蝕,植諸地中,其出也,苗秀花實多如之。維穀維花,無不皆然,獨至於傳先祖之美種,則不加愼乎?常見人家相承惡疾,不能復立者種種也,可不慎哉?"參見高一志著,梅謙立編注,譚杰校勘:《童幼教育今注》,第155—156頁。此處將《童幼教育》的"身""志"改爲"年""血氣",顯然和下一段首句"既年合而血氣清矣"更爲協調。

矣。遲遲奚傷？"

或曰："女子性情順否，何從知之？吾中華未嘗不慎，未定厥祥，先察厥辰，次且屢詢星命，而猶未足如意也，奈之何？"予曰：世間諸虛，莫甚乎星家之言。乃或依其言而結婚矣，後日反目，終疾塞窮，斷弦者有之，何解與？蓋星象者運之自然，吉凶者乃天主所降也，試觀同辰、同刻生養者，而貧富、愚智、卑尊、吉凶不等。天運之時雖可以術推，而天主之命必未可以人定也。古之聖賢談吉凶，以爲善惡之應也。宇内衆力未能強我造惡，則宇内衆力亦未能強我投凶。是故人之志強於星辰，強於宇内衆力也。星家既不能知人志之善惡，豈能預算生人之吉凶乎？往有士欲行一事，問星家可否，答曰否，遂弗行，竟失機害事。次遇事又問，答曰可，依而行之，乃遭難失事。星家之言，豈可信乎？[1] 吾西國欲娶得賢者，先詢其鄰與内外之戚，然後定焉。究竟希不如意者，蓋閨閣之性情不可隱，常乘隙而著其光，則所居之處自有徵應，何必托星家之虛言也哉？

欲全婚姻之正道，既待其時、擇其賢，尚有所慎，則養子之正意也。若圖逞欲狎昵，則與游俠邪溺淫伎無擇矣。古聖云："凡娶而惟供其私欲，此以本室爲歌院，以本妻爲歌伎耳。"可不哂哉！

疇昔有士，妄誇絕無他遇，乃獨耽於本耦。賢者聞而譏之曰："醉於室，與醉於市悆等耳。"賢者尚不敢恣肆于本室，彼有他遇，

---

[1]《童幼教育》此處多一段："吾西鄰國有曲學談星命者，語君曰：'吾君命終之期近矣。'君問：'何以知？'星家對曰：'觀天象耳。'君問：'汝命如何？'星家曰：'臣之數，期算未至。'君遂命即刻戮諸市，以警星家之妄者。以此觀之，則擇妻大事，不可托之星命也，明矣。"參見高一志著，梅謙立編注，譚杰校勘：《童幼教育今注》，第157頁。

及畜侍嬖、供私欲者，夫婦之乖，子孫之羞，庶嫡之争，血氣之衰，名聞之損，業資之敗，及一切不測之灾，悉從此生矣。故先哲責淫者曰："殆哉！種於溝壑，豈若種於美區？種於他田，豈若種於本畝？況田少易治必盛，田多難脩必荒矣。殆哉！"<u>特牧斯德</u>爲中古名士，適遇美伎招之，辭曰："吾有正室久矣，以暫樂售永辱，吾弗能也。"且志養育者不獨戒邪色，猶戒邪情焉。蓋親情正邪，概通於子。古者<u>茆阿日搦</u>見一童狂痴，曰："其親必於迷酒時生此兒，不然，何狂痴乃爾？"故吾西俗大家，多設聖人賢女像於室，欲夫婦目擊而心思之，以正其性情，不容妄說邪俗亂生育之大功也。

育之功第二章

夫子既以正生矣，則必以正道育成之，何也？物之始造必有闕，漸治之，斯全也。百工磋磨以成物，飛鳥翼覆以哺雛，況育其子者乎？倘不親懷，而寄乳母養之于外，甚不宜也。蓋嬰兒爲父母一枝，以愛己之心愛之，以養己之情養之，於是提扶調治，而不少斁[1]。乳母惟利是視，無骨肉之情，懷抱必有異焉者矣。嘗聞本母恤其子，或委命陷險，或服毒迎寇，或剖胎饑斃，終不替其恤愛之心，乳母希聞如是者。

即使彼此齊愛而養育，清濁亦必有異。奇美之木，樹之原地，

---

[1] 《童幼教育》此處多一句："所謂愛者常苦而不見苦也。"參見高一志著，梅謙立編注，譚杰校勘：《童幼教育今注》，第159頁。

易植且盛；樹之異地，雖培植，難成焉。[1] 故孩提得原胎之精氣，未有不長成，外母之乳，必不若也。昔有迫於窮者，棄子曠野，有狼代乳之，後棄子人形也，而行猛獸之事。又有從孩提茹驢乳者，久之遂愚鹵。又有少時無乳，接羊乳以養者，其子長成，躁躍驅馳，狀與童羖無異。以此觀之，初生之子，未有不隨乳氣清濁者。使孺子習長於愚魯之婦，其不壞而爲愚魯者鮮矣。況母子相守愈密，必相愛愈殷，設使懷抱托諸他人，則恩情將減於本母矣。昔有一母告子不孝，士師曰："汝向親盡懷抱之恩否？"母曰："否。"士師曰："汝未盡慈，難責子盡孝矣。"雖爲子者未全獲二親之恩，宜以誠孝報之。然親以是施，子亦以是報，人情固然。[2]

　　造化主生女兩乳，而養育之際，又俾涌美乳，豈不欲爲母者親懷其子，弗待人之代養也耶？或曰："母或感疾病，或氣禀之薄，不能親懷，奈何？"曰："不獲已招迎乳母[3]，必首擇其善懷抱者，次欲其不迷於色，不迷於酒，不病於言。"蓋多色多酒之母，生乳極濁，食之不但禀躰之薄，且沾惡疾焉。若其言必欲正實，不使訛言淫聲，溺子於邪。故不得已而招乳母，必宜招之於家，勿令出外。蓋家人之言，大抵靜正，且不離二親目耳，或審其音聲，或察其動靜，不俾美性之純，危於邪俗也。

---

[1]《童幼教育》此處多一句："蓋以是生，亦以是養，世物之勢，大抵然也。"參見高一志著，梅謙立編注，譚杰校勘：《童幼教育今注》，第160頁。

[2]《童幼教育》此處多一句："故勸子孝者，必迨三年之懷抱焉。"參見高一志著，梅謙立編注，譚杰校勘：《童幼教育今注》，第161頁。

[3]《童幼教育》此句前多一句："女之未足親行養育，必未足出嫁也。然此説大嚴。"參見高一志著，梅謙立編注，譚杰校勘：《童幼教育今注》，第161頁。《齊家西學》此處似乎更爲寬容。

噫嘻！人得寶玩，則以錦綉什襲藏之，非時弗啟，亦不令人易見也。子，無價寶也，乃輕寄之愚婦乎哉！日落尼抹[1]聖人嘗誌：古有乳母，恣於酒色，淫言邪行，養子未滿十歲，已無所不爲矣。又一孺子僅四歲，既善詈且淫訛，異而問故，或答曰："罪在乳母。"[2] 繇是觀之，懷抱正功，概係於慈母之殷勤也，明矣。

教之主第三章

懷抱之功既成，父教宜早施矣。[3] 蓋育子者雖係二親，但其重者，繇于陽之剛耳。諺曰：魚之小，學大魚而躍于淵；牛之小，學大牛而犁於田；鳥之小，學大鳥而戾於天。西有一鳥，喜舒翼登高，正對日輪，瞠目不避。仍欲教其子，則攫而懸之。其對日光不閉目者，愛而存養之；若閉目不克當日光者，委棄不屑養矣。西土又有小鵲類畫眉者，聲至美，欲教其子，自鳴而引之，不正音，對和不息也。鹿教其子以奔，狸教其子以媚，狼教其子以貪。熊生僅肉團耳，自視之非熊也，用舌餂摩修治之，漸成熊矣。嗚呼！禽獸皆欲其子肖，人乃不欲其子肖耶？

況彼禽獸初生，即具毛羽爪甲，不俟衣履，不待教習，而已知避害趨利。人之生也，赤身出胎，至弱未能移步，至愚未足明

---

[1] Saint Jerome，或譯日落泥末、日落泥抹，今譯哲羅姆。
[2]《童幼教育》此處的回答更爲複雜："是孩也，非其罪也，乃乳母之罪。彼倡此和，奚足怪乎？"參見高一志著，梅謙立編注，譚杰校勘：《童幼教育今注》，第162頁。
[3]《童幼教育》此處多一句："束格辣德，古學宗領，嘗謂幼之教育，根于父母。"參見高一志著，梅謙立編注，譚杰校勘：《童幼教育今注》，第162—163頁。

理，令弗得嚴親之教，如矇瞽者之行，不得援引，必將投足嶮巇矣。海中之危，舟高且堅，非長年引之，猶未能當，而小艇之弱，可以當之耶？噫嘻！世道險海也，智者多滯且沉，愚童非智親提扶，可免身神之溺耶？往者的<u>阿日搦</u>古學名賢適遇小童恣慢於途，則以杖叩其父曰：“夫爾子慢也，惟爾之罪。”<u>亞得納</u>[1]古嚴治國法，尤嚴教幼法，出令凡有子弗能教者，終身不許其子供養之。鶴善養其子，老而毛落躰弱，恒藉其子之養。厄馬，大禽也，懈於育子，不能覆且哺，子大而亦以是復之。乃知凡預圖其子之養，莫善乎先施教育之恩。倘未能盡父道，何望後之盡子道乎？世人急於生子，而不思教誨，平生勤苦積財，竟不思財之主當爲何人。

<u>格辣德</u>，上古聞士也，欲變本鄉亂俗，登高大呼曰：“人何爲自欺乎！吾黨恒思聚財廣地，而其所寄之子若孫，乃弗之顧，是所謂備美履而不忌傷足者耳，哀哉！”昔有賢士，見富人怠於教子，譏之曰：“汝計富子孫，乃不教之以善用，猶授戈童穉，而不示之以法，不將害人并害己乎？”吾嘗謂，爲父貽財於子而不教以正，是貽鴆毒而不施解毒之藥也。故君子先教其子習之于學問，進之于道德，然後美貲、令聞、豊爵皆可致也。

吾西古俗用人，先審其家教，後進黜焉。昔博學之士往朝領命，王知其子不肖，辭之曰：“爾未盡天主所任職，而猶望盡吾所任職乎？”夫承教之子，內順仁親，外和主命，爲親之榮，爲邦之幹；不教之子，內逆乎親，外越法度，爲親之憂，爲邦之戮。有子者宜何擇焉？

---

[1] Athena，或譯亞德納。

教之助第四章

　　嚴親雖望其子成立，然力或不能獨教也，必有善士以助其功。[1] 是以智者稱師爲二父焉，所以爲補全父母之恩也。蓋父母生我，使遊于世；而賢師教我，使遊於道。父母生我，屬我於世苦；而賢師導我，援我于諸苦。父母生我，未能使我不死；而賢師教我，乃使吾道德不敗滅也。

　　罷辣多，上古大賢也，嘗謂："天主之廣澤、父母之養育、賢師之教習，爲三不可測，併不可報。"信哉！斐里伯[2] 往爲西國智王，初聞世子生，曰："天主賜我子，喜其可以承祧；又有亞里斯多名賢可師，喜更甚矣。"其子歷山[3] 學既成，有臣問曰："斐里伯，王父也，亞里斯多[4]，王師也，二恩孰大？"王曰："父使我嗣國爲王，師使我爲國明王，彼傳性，此傳學，則善師之助親多矣。"咈濟玩，中古名賢也，以義禮聞於時，子染邪習，恐已不能教也，乃引之鄰邦名辣責德莫納，使日侍賢師，未幾，其子果去舊染，而成美業。[5] 夫以賢德之親，不能攻其子之惡，而賢師之教能攻之，師不急乎哉？昔者厄肋濟亞[6] 文學名國有一童習于罷辣

---

[1]《童幼教育》這一句更爲複雜："嚴親雖望其子成立甚切，然或溺愛不明，或事迫於冗，即教不能不作輟也。設令無善士代致其力，則子之孝無由而成矣。"參見高一志著，梅謙立編注，譚杰校勘：《童幼教育今注》，第165—166頁。

[2] 即腓力二世（Philip II of Macedon），或譯斐理伯。

[3] 即亞歷山大大帝（Alexander the Great），或譯曆山。

[4] 即亞里士多德，或譯亞理斯多。

[5]《童幼教育》此處多一句："衆咸異之曰：'善師之功大矣哉。'"參見高一志著，梅謙立編注，譚杰校勘：《童幼教育今注》，第167頁。

[6] 即希臘。

多名門，久之學成而歸，適睹其父詬厲，大怪曰："侍罷辣多未聞如是也，久於此，恐吾所脩悉亡矣。"於乎！世之不善教其子，而反害其師之正教者，可勝數哉？故親之智者，特延善師以善其子，如良農既植美樹，接以善種。噫嘻！童穉爲美種之苗，可不慎其所接也耶？

都略[1]氏往爲吾西文師，譏怠於教子者曰："人命極脆，未識其終日之期；人子至愚，未識其將來之品。不早延賢師教之，可爲智乎？"泰西總都有智王名曰奧肋略[2]，將終，子幼，時有賢臣，命傅之，曰："以此藐諸孤，辱在賢師，國家之重，實式憑之，正教之則治，否則亂。[3]"又語子曰："吾已知天主嚴命，不可辭也，然吾向未敢負天旨，家志乎慈，國志乎仁。爾代我，惟賢師是從，慈仁不失，則家國可理也。[4]"王乎可謂知教也已。伯路大哥，下古西賢，嘆曰："人有田，無不覓敏農治之；有畜，無不覓勤童牧之；有舟，無不托智工操之；有子，且將爲田與畜與舟之主，而反不覓善師以訓之，愚哉！"

夫家資器物，種種必圖其良，子乃家督也，乃獨不欲其良，愚哉！或欲畫祖考遺像，必托巧工；乃教子孫成，立肖祖考之活像，可不擇賢師以繪之乎？往者亞里苐頗[5]爲名學之領，或有子使

---

[1] 即西塞羅。

[2] 即奧勒留（Marcus Aurelius）。

[3] 《童幼教育》這一句多有不同："吾之數不可延矣，孺子尚幼，則國家之重，係于師矣。如以正教之，國家必治，不然，國家必亡。"參見高一志著，梅謙立編注，譚杰校勘：《童幼教育今注》，第168頁。

[4] 《童幼教育》這一句更爲複雜："茲棄世，爾當代我。乃入吾家，爾猶未足爲親；入吾國，爾猶未足爲君。奈何？若能勤於正學，惟賢師是從，則家必不乏慈親，國必不乏仁主。"參見高一志著，梅謙立編注，譚杰校勘：《童幼教育今注》，第168頁。

[5] Aristippus，或譯亞理斯弟。

游其門，問束脩，曰："數十金。"父意太多，曰："此金之重，足得一僕。"師曰："然。若爾異時，必將得二僕焉。"是以智者寧使家室乏貨，必不使子孫乏教。西土有居室甚貧，乃其供師惟謹，有人誚之曰："若尚未足供室，奚以供師爲？"答曰："積貨不若訓子，供室不若供師。財盛而子無教，室將傾矣。"故親之知道者，但有子，先計其師，然後計其貲也。[1] 厄肋濟亞，吾土鄰國也，古俗恐人有困冗，失訓其子，則在在立公學，延四方名師，重其祿，以公教之。又恐有懈不教子者，則立公司，以指其迷而開導之。

今吾西國特立大學，遍邀賢師，專務幼教。又有士既成學，不計爵祿榮達，但圖立功天主，利益國家，設學頒訓者，即耶穌會也。或開蒙學，或脩文教，或談天文，或剖性理，或闡聖道，皆合力同志，務于幼教，必使其知天上有主，宰治人物而當敬；國中有皇，敷命大衆而當忠；室內有親，教養百凡而當孝。日日如是，處處如是，此教之大旨也。

教之法第五章

父師之教維何？曰言，曰身。

夫童穉之心如未書素簡，親師之舌如筆墨寫書，必入之深，而後存之久也。故嚴親明師，務慎始教，希而不繁，正而不僻，庶得其宜耳。或問賢者："師孰爲善？"答曰："希言之師。"問

---

[1]《童幼教育》此處多一句："伯兒洗亞國古俗，或得生子，便邀善師爲教主。"參見高一志著，梅謙立編注，譚杰校勘：《童幼教育今注》，第170頁。

故，曰："其言彌多，其意彌虛，言多而無實意，奚足尚哉？宇內惟希者貴美，有重寶焉，藏而不露，乃教之妙，肯以浮言多露乎？"昔有賢者延師，適二人同至，未識誰可，欲試之，請言。其一便佞口給，其一希言人也。遂擇希言者，曰："器之虛，雖小而發音大；器之實，雖大而發音小。"古言曰："多言之工，十載不成器；多言之師，能成人美器乎？"夫教幼之言雖善，且宜希而不繁，則夫妄誕污罪之言，奚可哉？罷辣多大賢常戒乳母，勿使亂述邪言，曰："童心若蠟，印易成迹。"古詩云："陶器初染之氣，終于不去。"故童幼初聞之邪聲，究竟難忘，則智父明師必須正言立訓，乃可以教子也。

雖然，身教尤急焉。蓋言教如雷，迅發震響，非不警人，未幾遂散歸烏有；身教如銃，匪但虛響，發彈直能毀偃所遭之物。究其所以然，目擊較耳聞，振動之心尤切，何也？心在目，目既心，目所視通乎心者速，耳所聞達乎心者遲也。色搦加[1]嘗謂："言道紆曲，遥而遲，行之難；身道徑直，近而速，遊之易。"泰西詩云："汝欲吾哭，先須汝哭；汝欲吾歌，先須汝歌。"豈有以其所好，反其所教，而能成者哉？夫諸飛走非待言傳，而無悖焉，天道何言，而行無謬，萬物育焉。至于百工之事，學者雖聞細論，非見其師已成之功，不能熟其藝焉。初學繪者須摹古畫，初學書者須臨美帖，教子何獨不然？農者欲脩小樹使直，必缚諸端木；繪者欲畫直線，必持乎正矩；夫親師自正，乃童幼之端木與正矩也。

色搦加曰："諸幼之不肖，從親與師兩身而成焉。"蓋子之愚者，視親師所行之邪，不知其邪也，以爲其所當行者耳。歷山王

---

[1] 即塞內卡（Seneca）。

始學于數師<u>略泥大</u>，誠德博學之士也，但跛躃不能正行，<u>歷山不覺法之</u>，而終身多見跛躃之狀。噫嘻！師之微疾，習染如此，則師之邪，非徒易入於心，既入，難出若此矣。古者或爲子延師，得士之文清而身淫者，異而詰之，師曰："向爾請我教書，特賃吾舌，豈賃吾身哉？"其親大嗔，曰："陋哉！古今聖賢擇師，重在德行，文言非美行應之，何足尚哉？"辭之去。<u>瑪辣加</u>，西北國古聖也，幼時始學，至鄰師門，忽睹其輕玩狀，則退曰："夫夫也，未知守身，而足教人乎？"噫！親師之身，幼子之鑑也。學者往而照之，目恒在焉，則其所發之像，不論正邪，必以爲其正像矣。雖然，幼學者亦親師之鑑也，正邪靜動，彼俱肖此。[1]故親師之賢智者，先求諸身焉。

蓋教成乎信，親師不行所言，而行其所禁，學者能信之乎？不信而學，可進乎？<u>色搦加</u>嘗云："亂斯世者，莫若師之善言而不善行者。"<u>利古兒峨</u>上古制綱紀，衆無敢違命者，或問故，答曰："吾未命而先行，則吾所踐之迹，衆不敢不踐之也。"昔一大將欲征敵國，率戰象及河，將濟，群象百謀不肯進，或爲之計，執刀傷首象，而先度，首象圖復讎，忿而從之，衆悉濟。或嘆曰："嗟乎！教率以千計未克濟，而一身教之遂濟也。"則信哉。言者易造，而難得信于人；行者難造，而易得信于人也。親師<u>立正教</u>，宜何從焉？[2]

---

[1]《童幼教育》此處多一句："蓋此偏於左，彼亦左；此偏於右，彼亦右。"參見高一志著，梅謙立編注，譚杰校勘：《童幼教育今注》，第173頁。

[2]《童幼教育》這一句更爲複雜："故親師欲立正教，必本諸身，而以美行實其美言，則信從易矣。"參見高一志著，梅謙立編注，譚杰校勘：《童幼教育今注》，第174頁。

教之翼第六章

　　親之溺愛者，不忍責其子之惡，使惡念日長而美質病；師之過嚴者，不獎掖其童之善，使善志時屈而學業衰。古之名賢束戀[1]氏嘗曰："治之法妙在賞罰，況教之比治尤難，非執賞罰兩端也，烏乎成？"是以先哲嘗謂："賞罰之於教育也，如鳥雙翼，如舟雙槳，二者廢一不可。"夫幼穉者稟氣之盛，莫不躁急，率情任意，所愛所憎、所懼所望，舉動莫不踰閑。譬之馬駒，驅馳蹄囓，惟意所之，非得善騎者調習而抑服之，不獲其用矣。往者明師之堂設學圖，左畫花冠，右畫荊條。蓋荊以懲怠，花以賞敏也。西南古有名庠務實學，每將饗飱，必聚學者于堂而察其功業，敏者稱揚而厚其餼廩，懈者呵斥而約其飲食焉。以是俊士出其門者，未易更僕數也。蓋德蒙譽者勉焉，惡遭辱者退焉。況譽尤幼者所愛，愛譽而學不厭苦矣；辱尤幼者所忌，忌辱而學忘其懈矣。

　　《聖經》曰："善親必朴其所慈之子。"[2] 蓋童幼之惡不懲于前，無警于後，涓滴之水，漸成江河，兩葉之樹，漸成合抱，童幼之質，不難從教而改邪焉，俟其習惡之久，而欲正之，難矣。醫之治病，謹於微萌，故曰："醫者莫毒於順病者之欲，親師莫病於惜童幼之邪也。"故古之聖賢于幼者非禮之言、非義之情，皆歸親師，而欲其代受罰焉。束格辣德及弟阿日搦皆上古名士也，遇幼

---

[1] Solon of Athens，或譯束鷙。
[2] 《童幼教育》這一句更爲複雜："《聖經》曰：'善親必責懲其所慈之子。'則不責不懲者，必惡其子者也。"參見高一志著，梅謙立編注，譚杰校勘：《童幼教育今注》，第176頁。

者溺於邪,即杖其親,掌其師,曰:"惟爾之罪,若初教以正,豈至此乎?"

如德亞古爲道理之邦,有名士主教曰厄里氏者,其心雖正,然未能懲其子惡,竟爲天主所棄,國亂子喪,厄里氏亦以憂死。[1] 以此觀之,子亡既係親怠,而灾戮還逮親躬,宜矣。蓋養駒而不範以馳驅,必將被其傾顛;父母順其子之邪侈,終被其辱,不亦宜乎?西史載,昔有童幼橫逆不止,士師執之,依國律服上刑,將戮,童求見父,假欲永訣。父至,則附耳若有私言者,乃噬其鼻曰:"向者爾知我不肖,蚤責我,豈至此耶?"[2]

往者賢士勸親以謹于養育曰:"勿恤爾子之惡,不則將遇無窮之辱。寧使爾子見責而哭,勿令爾見子死于刑而哭也。爾子被官笞,辱也;被爾責,榮也。"辣責德抹納有子,僅免懷抱,即寄於賢師,使勤遊學。學時言行忽溺於邪,賢師切責不改,杖之,其子來訴,更加刑焉。幼者内外見懲,始力學而底于成。故西諺曰:"惟辣責德抹納善教育也。"今者于子之惡,非但弗責,又不使其師代責之。

然或過嚴,不審察衍之大小、氣之殊禀,而漫刑焉,皆非也。蓋童幼之惡未深,或一提撕警戒之,必醒悟歸正,何必過嚴乎?昔有賢設譬曰:風與太陽爭力強弱,試解人衣,風先暴起,擊人之躰,似欲強奪其衣裳者,而人愈謹持其衣。太陽不然,旁射其光,熏人肌骨,使人不覺袒裼。風遂讓太陽爲勝。噫嘻!親師之

---

[1] 在《童幼教育》此處對應的故事中,厄里氏有兩個兒子。參見高一志著,梅謙立編注,譚杰校勘:《童幼教育今注》,第176頁。

[2] 《童幼教育》此處多一句:"嗟乎!父母不教于初,必致其子于厥終之難矣,戒之、戒之!"參見高一志著,梅謙立編注,譚杰校勘:《童幼教育今注》,第177頁。

智者，以善勸奪幼者之邪情而不覺；若愚者，呵斥詬厲，手批足蹴，而竟不能使子善也，雖嚴何益！故吾泰西諸學，以榮辱爲教之二具焉。

學之始第七章

凡學貴以序而進焉，則先立乎其本，而後及其末。本者仁也，修齊之根，而諸善之母也。乃仁之學又本于天主，即以敬畏天主爲首功，蓋吾之所當愛，及所當敬者，莫大莫尊故也。《聖經》云："知之始畏主。"江河原出海而終歸海，人性原于天主，終歸天主，則宜自始學，返其本根矣。

鳳爲羽禽之尊，陽屬也，喜對目于太陽，生子即以是習之。其目不敢對太陽者，以爲不類，不屑育也。象爲走獸之大陰屬也，每望朔，至清川對太陰而浴，昂首舞躍，而因教習小象。異哉，禽獸之愚，似識其本，人之靈，乃不若是乎？

亞得納上古爲總學之肆，四海志學者咸集其中，立上下二堂，上堂題曰"必從天主"，下堂題曰"必知己"。示衆學者非從天起見，而推及于知己，必不能也。伯兒西亞[1]亦勤于教育之國也，王始有子，選四士師之，其至善者任教，子事上主禮，而百官庶民，無不從之。格肋達西海名國也，昔承大賢之教，勤於教業，使幼者先學畏事至尊上主，次念前聖賢功德，後習律法。或問意，答曰："幼者知事上主，而後行聖賢之道不難；行聖賢之道，而後齊

---

[1] 即波斯，或譯伯爾西亞。

家治國不難也。"如德亞國昔有聖主曰達未得[1]者，臨崩，將寄國幼子，囑曰："吾將逝，爾猶未足爲君，然能畏敬天主，庶幾成學，而承先王之統耳。"子代立，遵父訓，卒成顯王。伯兒西亞國智王得明世子曰濟祿，而教之曰："吾與爾言，爾謹藏諸胸，以爲慈親重寶：生平謹畏主命，晝夜事之，事事禱之，勿忘也。"蓋幼者無所不短，而天主無所不長，以長補短，不亦智乎？濟祿謹受教，念茲在茲，竟起王業，表萬世。繇此觀之，欲定國安家、植業昌後，法莫善乎教幼畏主矣。蓋高資豐勢猶弱草，難久，吾子賴之，豈不得傾仆乎？惟天主與仁道，無時變損，吾子可永賴也。向有不行斯道者，犯法壞俗，敗家亂國，妖孽立至。

　　蓋未知畏天主，必于君臣之義、父子之親、夫婦之別、長幼之序、朋友之信，無所存也。古賢曰："知事天主，無不知忠君而親親者，未見忽天主者而能忠君而親親者也。"厄肋濟亞上古有異端名曰厄比姑樂[2]，其性學細且廣，但有疑於天主宰製萬物，而不知敬畏，其徒之邪亂流毒，不可勝言。是以君子正道從敬天主而日進焉，小人異端從忽天主而日流焉。

　　世人爲子計，多欲豐之以重祿，引之於美藝，進之於博學，成之以誠德，然尚未知此種種美資，非主之聖寵，不可獲矣。古詩云："古往今來，聖神後傑，非天主厚寵，莫能成器。"篤彼亞古教聖士，時誨其子曰："吾曹雖居困約，能殷勤敬畏天主，則將無所不備焉。"蓋天主至善至慈，必不使其所寵之子窮苦久矣。況臣之忠者，君必崇之；子之孝者，親必慈之；學之勤者，師必賞

---

[1] David，或譯達味，今譯大衛。
[2] 即伊壁鳩魯（Epicurus）。

之；則人之仁者，主必成之，曷疑焉？曩者西土<u>亞兒伯多</u>[1]氏幼時一心向格窮之學，而短于才，不能如意，旦夕祈天主洪祐，實踐仁道，而不敢惰。未幾，氣質清明，非衆友比，世無書不通，無理不究，爲世名師。因是泰西諸庠，凡具陳其學之條目於堂中，而敬事上主，必爲首焉。往者吾鄉或托小子於師，已而察其學益，師曰："爾子愚弱不才，業未進也。"父曰："非才亦能爲仁否？"師曰："能。"父曰："但能爲仁、畏主足矣，何必才？況果行仁道，愚必明，弱必强，進學明理，若視掌耳。"師悚然，如其言教之，卒符其父之言。

然教幼者事天之道若何？曰：認之真，謝之密，從之切，三者盡，而畏主之道盡矣。夫認之真，必欲其明萬物之主至尊無對。蓋正道有一無二，而正邪不可併容。家中一父，國中一王，天中一日，而萬物中一主。既知天地真主，主宰萬物，父育萬民，時刻援救生人，惡得不欽崇而時圖所以報謝乎？故雖惓惓親愛，昕夕奉敬，闡其功德，揚其聖旨，闢異端，距邪説，猶爲不及矣。蓋能誠其衷、實其言、果其行，從依聖戒，而以進於道德、證於聖賢，端必繇之。往來古今聖賢所言誠學，不外乎此，故以爲學之始也。

學之次第八章

幼者既立仁學而本於事天主，其次孝于二親，乃天理人情之

---

[1] Albertus Magnus，或譯亞兒波。

至切者也。[1]故造化主置十條目以治下民，而孝敬父母係于奉敬天主之後，冠於和睦世人之首焉。罷辣多上古大賢，其治國所叮嚀者，惟是奉敬天主第一，事奉父母第二。蓋曰："天主恩大，父母恩亦大。故施仁於天主者，無不施仁於親；不施仁於親者，可謂施仁於天主乎？"斐卯氏嘗曰："二親恒見而未敬愛也，天主未嘗見而謂能愛敬乎？僞也。"

西土有兄弟二人曰盎費、盎納者，偶遇火發，屋燼，兄弟共力負父出火中。嗟乎！蹈火而死，人所不免，獨不傷孝子，奇哉！夫親親之理，禀賦自天，根於性而發於情，有以激之，必强而著矣。往者西南有富王名格肋所者，僅得一瘖子。王討叛而北，爲敵所逐，子見之，因强發聲曰："賊勿殺吾王。"遂解舌而語，賊亦不敢殺而去。異哉！往者舌結，片言弗出，師親之勤，弗克解其舌，而惟愛親之情，遂解之矣。古之賢曰："父母在堂如寶庫，可不重視而謹存乎？而孝敬之功有三，一曰隆供養，二曰慎從命，三曰致謹懇。"

夫供養者，父母於子懷抱時受諸苦楚，迨長而成人，擇師授室，惟疾是憂，養育之情，何懇至也！故爲子亦以養報之，問安視膳，兼口躰心志以養焉。不然，慈烏猶反哺，人可不如鳥乎？鼅蟊中一種，西名曰里卵，亦善供父母，至死不離。禽中一種，名曰默羅伯，不但供養其老，或疾飛則背負之，卧則覆翼之，不使墮落、寒凍，翺翔拮据，寧而後已。人而不仁，其親可乎？是以仁子不待師誨，而於親之養，殫力供奉，若猶未足，或投身於

---

[1]《童幼教育》這一句更爲複雜："幼者既立仁學而本於事天主，必當進於事親矣。蓋子於父母最親，其受父母之恩亦最重，則敬天主之後而孝二親，乃天理人情之至切者也。"參見高一志著，梅謙立編注，譚杰校勘：《童幼教育今注》，第183頁。

僕，或貿子女，或航海梯山，晝夜經營以盡孝，而不敢辭焉。中古一罪婦，法當死，士師恤其老，不欲加刑，第囚之絕其飲食，令自死。時婦有女新產，圖救其母，日空身入候，陰乳之，久之不死。士師詢知其故，嘆其孝，乃赦罪母。時諸縉紳共力立一大堂獄中，名曰仁堂，以誥後世而勸孝焉。《聖經》云："供其父母，為天主所不忘，必將得報焉。"正此謂也。

從命者，父母有命，即當奉行，不惜勞苦，不避艱難。為子而奉命之時，惜苦避難者，此與奴僕無異也。古聖嘗曰："命有三，一曰天主命，一曰皇王命，一曰父母命。三者不可得兼，舍君親而從天主命，義也。況君親正命和于天主，亦未有不可得兼者也。"故寶祿[1]聖人勸子以孝曰："是乃天主命也。"則除親亂命，凡有所令，唯唯是從，如天主命焉。即竭蹶致身，亦甘之而已。

致愨者，子于父母，當內外交致其敬。蓋心忽略與貌不恭，施之他人，猶為倨慢，況生我者耶？故日落泥末聖人曰："為子而以目傷其親者，必當失其目光。"美瑟[2]，古教之名聖，為天主所寵異，任以師治下民者也，其懲諸不孝者曰："令父母置之公堂，陳其逆惡，使眾民投石殺之。"天主丁叛聖命者，猶不處刑，惟于不敬親之罪子，乃設重刑如是，可不畏哉？羅謨落，太西摁都太祖也，元制法律，而孝敬父母之戒尤嚴，於子之不肖者，欲其父任意責懲，投于僕、流于野、黜于夷，不惜焉。故仁子事親，言欲婉，色欲和，心欲欽欽翼翼，內外謹愨，無敢簡易不恭也，否則今施于親，後必受于子矣。

西聖盎伯羅恤曰："為子者欲知敬親當如何，須想己將為親，

---

[1] 即保祿，或譯葆祿。
[2] 即摩西。

所求于子者如何。"達肋斯[1]曰："爾所將施情于親，必望之于子。"蓋因所稼是所穡也。余向聞有子慢其親，而縲之于獄，未久，其子亦以是報之。又聞有怒罵其親，推之堦下者。數載後，其子不忍親責，師以是言罵而推之。父悟曰："已矣，已矣！向吾不孝而推吾親，今見推于子，義也。"古語"惡鳥惡卵，惡樹惡實"，豈不信哉！

天主戮不孝者，不一而足。[2]西誌又載古鄰國有不孝者，當服上刑，刑畢而不肖之鬚忽變白。[3]衆怪之，聖人曰："夫夫也，向使盡其孝敬，必將蒙天主恩壽考矣。今爲天主嚴罰而斷其命，又何怪焉！"雖然，訓誨幼時，不但所生當孝敬也，又推廣其仁，而自君師官長，內外皆盡其恭焉。蓋君師官長之屬，古今稱民父母，以父母之敬敬之，義也。罷辣多治法禁曰："諸長者勿輕慢之，否將得罪于天主，而爲國家之戮矣。"象之小者能尊敬大象，乃人不知敬上乎？國有道，孝弟之敬必盛；慢易其長者，非有道之國，乃猛獸之地、蠻寇之野也。

潔身第九章

幼學既本於仁，次宜務於潔。蓋人各因時有所重且戒焉，老

---

[1] 即泰勒斯（Thales of Miletus）。
[2] 《童幼教育》此處多一句："載於經典，凡盡其孝敬者，往往錫之耆壽，自非然者，繩以極刑而戮厥身焉。"參見高一志著，梅謙立編注，譚杰校勘：《童幼教育今注》，第187頁。
[3] 《童幼教育》這一句更爲複雜："西志古鄰國有不肖者常慢其親，惡日叠長，而天戮及矣。士師拘之服上刑，行刑畢，而不肖之鬚忽變白。"參見高一志著，梅謙立編注，譚杰校勘：《童幼教育今注》，第187—188頁。

重智戒嗇，壯重毅戒怒，而幼重潔戒慾。老者多見多聞，則宜多智；然向苦財用於前，不能不圖積於後，恆不肯捨所備之貲。壯者形氣之盛，心志之堅，未必不毅；然或事不順、情不平，輒生嗔恨而不易息。幼者識淺力弱，未能智與毅焉[1]；惟所禀質淳朴，身神斶潔分也。使幼者無潔，如老無智、壯無毅矣。

古迷色之幼，欲從大賢學，不容，曰："朽木不足成器。"蓋身心不潔，真學無繇立也。鏡之明、水之清，承二光之照，對萬物之象；昏且濁焉，不能矣。地之潔者，能藝嘉禾；瓦礫之地，殆不足播種也。夫幼之心神净潔，易含道德文藝之種，淫穢者不然。經云："真知弗入邪心。"又曰："淫者聽智言則厭廢之，猶以珍寶置豕前，鮮不踐且汙之矣。"

繪工爲圖，先粉之，然後加彩焉；智師美教，非潔質，烏能受哉？凡圖進於實學者，志宜定，心宜明，力宜清，三者不可無一，而潔者必備矣，淫者必敗矣。亞里斯多氏曰："人神定而學知。"淫者被慾侵，如海被風鼓，反復退進，易變無恒，豈能立定於學也？蓋淫慾一入，明心遂發汙霾重霧，蒙晦靈才，填塞理竅，不使切思物義，剖析正邪善惡矣。譬之目睛，無所不照，一入微塵，即蒙而無所用。嗟乎！吾心净潔，無理不窮，無物不格，而或蒙污浼，即昏然弃正業，而流卑陋，無所底止，於實學尚何望焉？

且淫習不但晦心靈，又殘氣力而敗元精也。譬蠹生木中，而漸蝕其心，未久虛落且偃矣。故古謂淫爲伐性之斧斤、戕生之鴆毒、劫力之闇寇也。古聖勸學者潔修曰："修潔者，其心聰穎如

---

[1] 《童幼教育》這一句更爲複雜："幼者未行世道，未習世事，則亦未能智焉；又未積其力，未定其志，則亦未能毅焉。"參見高一志著，梅謙立編注，譚杰校勘：《童幼教育今注》，第188頁。

神，洞徹萬有之理，其力有餘以盡其學；習淫者，其心雖睿而昏，其力雖盛而弱。"比達臥拉，上古爲明學之宗領，其出入與居，無不湛然純一，言行無苟。遊其門者，無不俾之修潔，而進于道德。倘遇僻于淫者，多方指其迷，而引于潔。[1]于時欲從潔修者，必遊比達臥拉之門，其所教成後士，不可勝數也。束格辣德大賢勸進其門者設兩道，一曰明道，潔者所繇以通天上之城，而會諸神聖；一曰暗道，淫者所繇以墮冥幽之中，而聚諸鬼魔。罷辣多久習此學，計繼其師業，則避華美之地，而于荒僻之處設帷焉。誌者解其意之妙曰："諸幼易肆志縱慾，莫如景麗之地也。"

故賢者教人實學，不但戒諸淫情，又欲其避諸引淫之事也。吾鄉向有賢士喪妻，而後得專一于學，友勸更娶，答曰："向以婚未能專意務學，今幸得之，敢復婚乎？"噫！君子於正色猶以爲實學之滯，彼習于淫者，學可成耶？往者高志初學，恐爲慾累正業，罄力攻克，或服冷汁苦藥，或加鉛板諸腰，或終日投身寒冰棘藜，或淡味僅充腹饑，或睡臥衽堅，勞苦骨肉，違避安佚。千計萬謀，以免淫慾之害，而獲潔學之美。蓋智與淫，德與色，不并容，欲繇彼，須離此也。

世親皆欲其子之學，乃不謹其子之邪，使之縱慾敗度，喪身亡家，終蒙無窮之辱，可不鑒乎！[2]童幼他過猶可補，邪淫之溺不

---

[1]《童幼教育》這一句更爲複雜："倘遇僻于淫、溺于汙者，則正言指其迷，或以身率引于潔，或置美樂以指其侈，使醒而歸正。"參見高一志著，梅謙立編注，譚杰校勘：《童幼教育今注》，第190頁。

[2]《童幼教育》這一段更爲複雜："世之爲親者，靡不欲其子進于實學，乃每不謹其子之邪侈。或有不知之，乃謂之愚，而愚親養愚子，宜也；或知而不責之，乃謂之惡，而惡父之養惡子，常也；或知而又隱匿之，乃謂之蠻，而蠻親之子，竟無不蠻矣。于是或聞其子溺于邪，則笑曰：'茲乃幼之頑嬉也，何足責懲。'未幾，再溺，

可補矣；他惡之習有底止，邪淫之習无底止也。是故修潔者之防淫，不獨身遠之，念杜之，即口亦封而不言，耳亦塞而不聞。蓋念于行相去不遠矣，淫言多引淫念，而淫念多引淫行，是以習淫者多始于口耳不謹也，戒之哉！

知恥第十章

　　天主之生物無不全，賦物以性，併賦以存是性者焉。郡有城廓，身服衣裳，禾帶甲，果具皮，寶負殼，種種備其所以存。至于人德之貴，獨無存之者乎？乃存人之元貴、德之純體者，莫如羞惡之心。蓋此心根于性，而著于顏，圍身而攝動靜，戒外患，不使內達而擾衷靜。故先知者謂羞惡爲心性之廓、德行之殼、義禮之師、捍惡之藩、而善俗之屏也。苟無此心，衆惡侵之，衆患從之矣。

　　百獸之初生也，或具利爪尖角，或具堅蹄長齒，以當戈兵，敵其所害焉；又或備鱗介當衣裳，以蔽其身焉。人生赤身脫胎，僅持一知恥心而入凶世，即以此爲衣爲甲，所以遮其懦而禦外患也。倘幼者喪此心，烏乎可？邑無城，爲寇所侵；園無藩，爲獸所踏；而幼無羞，爲邪所攻矣。是以知恥者雖溺于邪，必有止期與復機焉。無羞，必無溺之限與改之倪矣。邪鬼引入於諸惡，先滅其愧心，然後攻之，使侮主、害人、汙己而亂國家。聖賢化民，

（接上頁）而父又曰：'幼者小過，不可責懲太嚴，否將拂滅其美志焉。'未幾，其子甘耽于淫，厭棄學業，縱欲敗度，喪身亡家，終蒙無窮之辱。父之智者，可不以是爲鑒乎！"參見高一志著，梅謙立編注，譚杰校勘：《童幼教育今注》，第192頁。

先引起其愧情,而後進之于道德,所謂"羞散而道亡,羞回而道存"也。

名賢弟阿日搦偶見孩童之溺,童羞而赧其面,乃稱之曰:"無傷也,此色乃德之色也。"又有老賢,觀小童被責而赧,則喜曰:"赧者良心也。"蓋有小過,人性之弱也,若旋知羞,人心之勇也。夫學之道遠矣,童之性弱矣,世俗橫逆,難敵易溺,使童無此羞持其心而振之,何繇得進于學乎?西賢伯路大曰:"農之智者,晴夏時必備度陰冬之需;而人之靈者,幼時備延老之需,即羞惡之心而已。"

夫文繡加身,使衆恭敬也。有人問賢女比弟亞氏曰:"女飾何者為盛?"答曰:"羞色則女飾之貴盛者也。"旨哉言乎!夫外飾冶容,雖用以遮內醜,而實足誨淫;羞情從內發,表其心之良貴矣。故加篤西至廉之士也,欲幼色變紅而不變黃。蓋黃者從心之懼而發,乃卑賤之情;紅者從心之羞而發,乃高志之兆耳。厄肋峨略聖人詳其所以然曰:"貴族及高志之幼,多血清且輕焉,或遇言與事之不潔不正,則內羞愧而外表赧也。若幼之賤陋者,多血濁且凝重焉,故雖惡之大者,未能動慚于內而變色于外矣。"名士色搦加嘗曰:"幼者高志之兆,莫如羞顏。"

老者以知智積其令聞,而人信伏之;幼者以知羞達其善名,而人愛慕之矣。中古貴臣有抗國法而橫逆者,或告王,時貴臣遠出,其子獨赴公堂,將雪親辱。及聞告者陳其父非,滿面慚色,不敢措一辭。王[1]觀其赧容,反喜而赦其父。於戲!財賄之重、友

---

[1]《童幼教育》此處"觀其容"的乃是"堂中諸司"。這裏改為"王",似乎與上下文更為符合。參見高一志著,梅謙立編注,譚杰校勘:《童幼教育今注》,第195頁。

交之貴、代辨之文，不能救其親之急，而獨一子羞色，不言而救之，不亦異耶！故伯兒納[1]聖人曰："衆人所愛慕，莫如知恥之幼。"幼之所以感衆心，莫切乎羞色，則羞色可比之光玉，加諸幼額，輝光四射，使人瞻且敬之；或譬之磁石，自遠招物，使繫歸之也。繇是罷辣多録治國之美法曰："幼者所宜從者二，于惡即羞，於善即勤而已。"

羅瑪爲諸西國總都，其治幼之術，甚美且嚴，欲其從少專存此羞，則使恒衣紅衣，念内羞之存也。里古兒峨往世亦以美法綱紀本國，至童幼之學，則曰："幼學須謹于羞情，與所獲重貨無異。"出入言視必謹，不可忽也。[2]蓋羞之美，多位乎目而表乎口焉。口目二關，易開易閉，則羞心非謹，不覺流散。既散，將不復來也。故賢者戒幼之羞，必欲其謹於口目矣。

然羞心之妙有二處，一人前，一獨居。世人多忌人目而羞，至于獨處，則廢羞心而任慾肆矣，謬哉！君子忌其目，比人目尤嚴，蓋他目有時可障，己目無時可避也。吾西近世有賢王名瑪施者，其生平習於義禮之修，未嘗使人目及己目視其赤身，兹羞之至也。盆滿古在西南爲名修之士，偶同友遊，中途遇川，無舟橋以濟。將涉焉，恐友見其裸，求友避之，又羞己目，遲滯徘徊焉，有天神忽至，携手登彼岸。異哉！知羞者非特感人心，又爲天主及天神所寵厚矣。

齊家西學二卷終。

---

[1] Saint Bernard of Clairvaux，或譯伯爾納多。
[2] 《童幼教育》這一句更爲複雜："則入必謹於是，出必謹於是，言必于是，視必於是，瞬息不可忽也。"參見高一志著，梅謙立編注，譚杰校勘：《童幼教育今注》，第196頁。

齊家西學卷之三

極西　高一志　譔

虞城　楊天精

河東　段　袞

　　　韓　霖　校

緘默第十一章[1]

欲識人之心，睹其面、聞其言而可矣。面乃心之鑒，舌乃情之筆也，面猶不如舌之著焉。故古賢接初學童子，命之言以觀之，是睹面未可識，聞言乃可探其蘊也。昔有名士，願人胸備一竇，使露內悰。或聞之曰："口庸非心之竇乎？"心如瓶焉，視其口，知其所藏矣。[2]是以古聖賢謹之，其設教多以默爲宗範焉。亞兒波氏，人未嘗聞其言，而默以成其學，從來高士多師之。西土黌門外，皆立此賢石像，以手緘其口。比達卧辣上世名師也，啓蒙初時，必以五載之默爲首功焉。束格辣德亦近古理學也，凡習其門，先修七年之默，然後許言。

---

[1]第三卷並未按照慣例從第一章開始，而是接續第二卷從第十一章開始（《童幼教育》下卷亦以"緘默第一"開始），作者或許意在明示這兩卷內容的整體性。

[2]《童幼教育》此處多一句："然口之所司，其蓄之妙在于不言。"參見高一志著，梅謙立編注，譚杰校勘：《童幼教育今注》，第198頁。

蓋未以多聞學言，焉能言？則默乃教言之道也。夫當言之時及當言之事，成德之士猶難辨，童子何知焉？故《聖經》云："幼者非關爾事勿言，有問至再，方可對也。"造化主生孩孺時，欲其先習多聞，則具雙耳，使便聽誨，而舌結之，數年不許出語。童子不待學成而急于言，豈不違造物之命乎？馴服劣駒，以轡縛其口；幼者氣盛，無異劣駒，則計服之法，莫善于納轡其口，不許任意發言也。夫人心譬富庫焉，口其門也，有庫而不封其門，必致誨盜，心無口之封，當失其所得美學矣。是以君子傳學于心，則閉口而默蓄焉；小人之學，入乎耳而出乎口，豈有所留以增于學耶？

　　古賢<u>伯路大</u>氏曰："佞者之耳，不屬乎心，惟屬乎口，其所入必出，而心且空虛矣。"夫注水罅瓮，勞而无益[1]；好言之幼，乃罅瓮而已。畎畝已治，嘉種已播，不謹掩藏，未有能勃發者也。下古泰西有幼志實學者曰<u>篤瑪所</u>[2]，勤修默學，同學者呼爲瘖牛。賢師聞而責之曰："夫瘖牛必將發大聲。"<u>篤瑪所</u>後發默學之大業，終爲吾諸國之表。如雷焉，先含微氣雲內，漸長增力無聲，然後發大聲。以此觀之，則真學未有不默者也。

　　聖<u>額肋峨略</u>曰："默者養言之需也。[3]"或有言踰理者，見懲于師，悔其躁，乃自罰以數年之默焉。嗟乎！遇患避難之法無如默。

---

[1]《童幼教育》這一句更爲複雜："先知者假喻曰：陰司萬刑中有恒盛水罅瓮而不息者，常勞而無益。"參見高一志著，梅謙立編注，譚杰校勘：《童幼教育今注》，第199—200頁。

[2] 即托馬斯·阿奎那（Saint Thomas Aquinas），或譯多瑪所。

[3]《童幼教育》此處多一句："廢彼而此無所養也。"參見高一志著，梅謙立編注，譚杰校勘：《童幼教育今注》，第200頁。

人愈智愈默，愈愚愈放言矣。比亞[1]氏古七大賢之一，在席不言，侫者識之曰："愚哉。"比亞對曰："愚者必不默，況席中乎？"故慈親明師，教育之際，無不務於默，使幼者修學静中，而從容出言。蓋真學之堂有二級，一謂默，一謂希言。繇彼暨此，乃爲實學耳。

言信第十二章

童幼之性，言恐煩，又恐僞。既欲其習于默，又必使早習于信焉。夫人初生，情純言直，交接于物，遂習于僞。故親師之智者，謹于幾微，教訓于孩提，使存原質而不爲世染也。比達卧辣曰："生民所秉于天，莫大于率真而能施。"蓋天主所以爲天主者，惟其至真至仁故耳，則民生所以親天主者，亦惟真仁二德也。[2]達味古之聖王，請問於天主曰："吾主，孰將安於爾聖堂者乎？"答曰："言真於其心，而無欺於其舌者。"然則真者升天之階也。[3]故古詩云："真者原居乎天，而或降臨斯地，必計率人反歸于天。"

罷辣多氏古文名宗，謂真者乃衆善之帥也，進退即群德從之。聖人又曰："真者非直諸善之基，又爲諸學向處。"凡修文、格物、

---

[1] Bias，或譯彼亞。
[2] 《童幼教育》此處多一句："或問賢者所以承順天主之命，答曰：'行真而已。'"參見高一志著，梅謙立編注，譚杰校勘：《童幼教育今注》，第201頁。
[3] 《童幼教育》這一句更爲複雜："然則真者乃升天之階，而踵之者無不至於天堂，永永安樂焉。"參見高一志著，梅謙立編注，譚杰校勘：《童幼教育今注》，第201—202頁。

窮理者，無不計存其真而免偽焉。[1] 厄日多，古多學之國也，國俗精於繪事，能指事物之隱妙。其欲形容真者之貌，則畫日輪，以日光輝四射，辨剖萬物，目視得無差焉。真者，正而無邪，實而無虛，能照輝諸隱。或投暗中，即昏昧，弗識所趨，幸而得燭照，即可免陷溺矣。夫幼者多居于暗，未明實學終始，非得真情引指，必不能進。是以先學聖賢初立幼教，無不禁偽言而反復叮嚀于真實也。

伯兒西亞國古俗，有子者，先教以仁，次習諸信，其不若者，必重懲之。[2] 亞德納亦修言名邑也，賞正言，戮訛誕，至於公堂被訐，自道其實，必赦免焉。嗟乎！真情之美，于罪人猶赦之，況善人乎？歷山，西名王也，有上書稱王功過情者，王嗔而擲諸河曰："當沉爾身，姑沉爾言。"蓋偽言偽人，王所深厭故耳。西域有務性學者數高士，總名曰巴拉瑪搦者，衆民師之。一有言不正，則辭絶之，永不使師人矣。或問一賢曰："偽假真色者如何？"賢曰："真者不文其言，不善其色，衆信之；偽者巧言令色，衆鄙之。"故諸辱人大愆，莫若偽言焉。蓋傲以謙、貪以廉、吝以施、汙以潔、忿以馴，可以雪洗，人未有不信者。惟偽者雖發正言，實之以誓，尚未足補前闕，而人終不信矣。語曰："真人言當誓，偽人誓不當言也。"

亞瑪洗，上古王厄日多國也，其國奉邪魔，時詢吉凶，或不

---

[1]《童幼教育》此處多一句："令吾幼者不早習於真實，而惟依從偽俗，能成其學也耶？"參見高一志著，梅謙立編注，譚杰校勘：《童幼教育今注》，第202頁。

[2]《童幼教育》此處多一段："辣責德抹，古厄肋濟亞國名邑也，勤于幼學，教之言，必欲希且約，欲正且實。故辣責德抹言法常載于書，爲世範焉。"參見高一志著，梅謙立編注，譚杰校勘：《童幼教育今注》，第203頁。

驗，輒毀像不奉。《聖經》云："鬼魔，偽父也。"鬼言一偽，猶未足憑信，而人偽可信與？[1] 亞理斯多嘗曰："使偽人勿遭他戮辱，而惟衆人不信，是則戮辱之大者。"蓋人以交接物而生，夫交接主信，令人無信，何以生爲？

比達卧辣氏往往戒其弟子曰："鳥之白胸黑尾者，勿上筋也。"解之者曰："白胸黑尾之鳥，乃偽人也。"蓋偽者巧言令色，其面若粹白，究竟無證據、無結局，是若黑尾。如斯人者，賢師以爲不足與游與言也。罷辣多氏禁工人無得造贗物，犯者罰正值。利濟亞國古俗于是尤加嚴焉，凡虛誕者，配爲奴婢，終身不齒。[2] 國家所以長盛者，真正焉；所以顛覆者，詭誕焉。好誕詐者，奴之不亦宜乎？是以志真學者，避訛言邪情，如火水也。又非直戒偽訛之實，即微影，亦不敢忽焉。[3] 亞日洗老[4]，古之賢者，或請曰："此有巧人，能假畫眉聲，盍試之？"賢哂而辭曰："吾向屢聞真畫眉聲，茲聞其假者，何益乎？初喜假鳥之音，恐進而喜夫假人之言也。偽情偽言，漸入乎衷，未幾，吾亦將習于是矣。"所謂真者養真，偽者養偽。倘幼學者恣於詭誕，恐終身莫挽。慎之哉，慎之哉！

---

[1]《童幼教育》此處多一句："爲人而不得人信，乃辱不勝言也！"參見高一志著，梅謙立編注，譚杰校勘：《童幼教育今注》，第 204 頁。

[2]《童幼教育》此處多一句："嗟夫！偽者常尠正法、奸善俗、傾道德、敗元質，可容於義理之國乎！"參見高一志著，梅謙立編注，譚杰校勘：《童幼教育今注》，第 205 頁。

[3]《童幼教育》此處多一句："目清明者好光避暗，病者反從暗而避光。"參見高一志著，梅謙立編注，譚杰校勘：《童幼教育今注》，第 205 頁。

[4] Agesilaus，或譯亞日西老。

文學第十三章

夫人以知爲人道之始，以行爲人道之終。生知者鮮，故志于知者，必繇學矣。語曰：財以勞聚，知以困致。嘗觀好學者，自童幼時，心向學、好問辨、爭先進、恥止後，其知之欲，與學之困，併長齊進，至于壯老，不知衰息。譬之嗇財者，財愈豐而欲愈盛，無所止限也。束鸞氏，上古七名賢之一，至八旬不怠于學，曰："老者既幸加日于生，亦宜加學于心。"將死，聞人論性中之理，忽起聽。或大異之，賢曰："學此理，然後可去世矣。"可見學之業與人身終始，須臾不可離也。

然既欲學，勿辭苦。經云：加知者亦加勞矣。蓋生人性被先祖元染，無不昏于理而懦于力。乃已無不欲加明與力，而知所當知，行所當行。[1] 故人性從始生恒向學，而甘苦至終不已也。

近視者需眼鏡，乃可見遠像焉；跛躄者需杖策，乃可走長途焉。文學者，心之鏡與杖也。[2] 航海者仰觀星日，俯視盤針，不則海不可渡也。行當世之險海，非經學指引，可乎？

幼者之學，根于仁，進以孝，堅以忍，成以智，四者非經典弗備焉。蓋古今之懿德實學，具載于書，覽而法之，親師之教所不及也。夫親與師，已或不明，未足教誨；令或反好，未足鼓舞；

---

[1] 《童幼教育》這一句更爲複雜："乃己無不欲加明以開其蒙，而知其所當知；又無不欲加力以助其弱，而行其所當行。"參見高一志著，梅謙立編注，譚杰校勘：《童幼教育今注》，第 207 頁。

[2] 《童幼教育》此處多一句："性地之蒙且弱者，無不因之以致所當知之遠理，以勝所當行之遠道矣。"參見高一志著，梅謙立編注，譚杰校勘：《童幼教育今注》，第 207 頁。

張而或弛，未足成全。若經典之教，至明無昧，至實無虛，至正無邪，永施無盡，從之有不受益者乎？其明智爲眾善之倡率，諸惡之捍禦，患難之倚賴，平生之安宅，視往察今，周遍萬事，解釋諸疑，無所不到，無所不備也。童幼者始行世道，舍文學，安所指引哉？

語云：老者積智以年，幼者積智以書。夫年與書又大異焉。蓋年彌長，清氣彌退，外司內覺彌昏，賴之者恐智漸衰；若經典則愈習愈明，智愈加焉。且年之智，時所積也，於人功無與；而書之智，學所積也，其功大矣。從年而知者，其學狹薄，不出一身一家一世之限；從書而知者，其學廣厚，不啻六合萬世，愈傳授，愈大堅矣。[1]

古西名王有子曰歷山，傳以亞里斯多，命之曰："爾師大賢，幸勿懈于學。吾昔未成學而聽政，幾不勝任。茲爾當國重統，以吾爲戒，可也。"世子受王命，侍賢師數載，無書不讀，無物不格，無理不究，竟成其學。壯而以美治，君數大邦矣。蓋治國安邦，道莫善于文學也。故罷辣多嘗云："國家之幸，莫大乎使持政者務文學，或務文學者持國政也。"

撒羅滿，古如德亞國王也，少孤未學，乃志于治，則謹告天主，祈明智。天主喜其意誠，即寵之甚，使豁然貫通古今眾理，而以美法總領大國焉。泰西前世有國王曰洗日蒙篤，生平好學，凡學士來者寵任之。或妒而告曰："諸國來者，其人多卑陋，王何寵任若是耶？"王曰："明知者非卑陋，乃世之正表也。天主既寵

---

[1]《童幼教育》此處多一句："故明道者教子早進于文學，不使廢其業也。"參見高一志著，梅謙立編注，譚杰校勘：《童幼教育今注》，第208頁。

之，使超越品庶，吾能不寵任之乎？"或問于亞里斯弟名賢："智者與愚何異？"答曰："並置諸異界，則知之矣。"[1] 智者至于他邦，必聞其政，大小敬仰而信從之；若其愚者，所至莫之顧矣。西書曰："智者生以立政，愚者生以行役。"古詩云："智者獨次天主，獨富榮美，爲諸王者之王"，此之謂也。

弟阿日搦遇童子富而愚，譏曰："飾文羊乎。"羊，畜中之至愚，獨利其毳耳。故智者居于小民中，如牧居羊中。去牧者于羊，去智者于民，無所歸矣。束格辣德，吾西大賢，往往感謝天主三恩：一曰，天主生我，即賦我以性靈，不投于禽獸中；二曰，天主生我，即賜我男位，不投于女中；三曰，天主生我，置我于文學之邦，不投于陋夷中。[2] 若生文學之邦而不習文學，是則與陋夷無異矣。

先智者嘗設論曰："欲成大器，質與學孰重？則必以學爲重焉。"夫美質者，如田之膏腴，非恒修治之，徒長豐草耳。嘗觀質之鈍者，多用學力，竟得成全，未見美質者不學而能成也。是以古聖以美質不學，譬之美軀之無兩目、寰宇之無三光也，使入寶庫，而不用光照，美寶不可見矣。夫人美質，或若寶庫，使無文學照之，奚美之有？古賢欲嫁其女，友曰："某富且貴，可嫁乎？"賢問曰："夫向學而智乎？"曰否。賢曰："今有驢于此，雖文飾之美，可莫之顧也，況嫁之乎？"玉金貴寶[3]，但使無鍛煉

---

[1]《童幼教育》此處多一句："吾以爲並任之國政，必不可匿也。"參見高一志著，梅謙立編注，譚杰校勘：《童幼教育今注》，第209頁。

[2]《童幼教育》此處多一句："三者以爲天恩之大，而日謝之兢兢焉。"參見高一志著，梅謙立編注，譚杰校勘：《童幼教育今注》，第210頁。

[3]《童幼教育》這一句更爲複雜："黃金爲五金之重，玉石爲寶之貴。"參見高一志著，梅謙立編注，譚杰校勘：《童幼教育今注》，第210—211頁。

琢磨之功，不獲善價；夫質之美者，非得文學之脩治，可乎？文學如何，則詳辨之于左。

正書第十四章

西國古之名賢曰責諾[1]者，初志正學，則問于神："何繇而成其學乎？"神曰："多交于終者而勤法之，可也。"賢思察神意良久，知終者，已死之古人也。古人雖死，其書尚在，所云多交勤法，意在是乎！乃購古名書，恒習之，終成大賢焉。故書乃幼學所最急，學而舍典籍，猶舍毛羽而欲高飛，豈可得乎？雖然，須擇其正者，而寘邪者。蓋書無限，而正者有數，乃邪書多假文飾以招人目，竊入乎心而學危矣。故罷洗略大聖譬曰："蜂求釀蜜，必擇于花，其無益者弗採也。幼圖學，必謹于書，其非正者弗習也。蓋幼者未嘗涉世，未能辨善惡、擇利害，獨于初所見書以爲倣效焉，于是習若性成矣。"

古人有言："恒讀淫書，其心未能貞潔；恒讀潔書，其心未能恣侈。"信也！是故古學名宗罷辣多治國妙術，凡著述正道有益之書，必重酬之；著述非道有害之書，必嚴罰之。蓋國家治亂，善書備具美法。[2]故從古謂正書者，道德之場也，義理之庫也，聖賢之鑑也，度世之指南也，淳風之市肆也，患難之藥石也。

---

[1] 即芝諾（Zeno the Stoic）。
[2]《童幼教育》這一段更爲複雜："蓋以有益于國家者，莫如善書；而反害于國家者，莫如邪書也。國家遭亂，則善書具其所以治之美法；國家得道，則善書備其所以存之制度也。"參見高一志著，梅謙立編注，譚杰校勘：《童幼教育今注》，第212頁。

古明師德默氏設訓于大國之王篤肋謀[1]曰："大國之寶不如美書，積美書不如持之密而專之久也。"國王有過，而臣之忠者，或不及知，或不敢諫，或諫不直、不密。若書之正者，不忌王怒，不圖王寵，爵祿不干，而時刻直陳其善。王忽厭而命之默則默，命之復言則言。是善書非特士人之嚴師，尚人君之直臣[2]也，故重書者，厥國不能危敗焉。如德亞古爲明道之邦，奉天主聖教，幸領經典正傳，敵國謀之，未能加害，後世經典之學漸衰，而國家遂見傾覆矣。

至童幼之學，正書尤要，不幸遇不正之書，害不勝言。蓋淫聲邪術，人所恥道者，無知之幼，目擊而心喜之，正學妨矣。罷辣多嘗於邪書之害，譬之毒泉流行，推萬民而斃之。是故吾西諸國，從古甚嚴於著書，不敢忽。國律每設公司，專職較書，其不正者，禁不使行也。[3]篤肋某，古厄日多名王，自幼承賢師之教，以數萬金購天下名書，鄰國來朝，求觀其寶藏，王引諸藏書之室曰："斯吾寶藏耳，所最珍異[4]，一日離此，不樂矣。"

往敝鄉有名將，率師伐亂，得國，眾皆趨掠貲貨，己獨收古聖賢之書藏之，曰："是乃吾子孫之重寶也，爲子積財，奚如積書乎？"彼財多令人恣慾而害深，正書者，攝慾抑侈，益財而養學

---

[1] 或譯篤肋某，今譯托勒密。
[2] "人君之直臣"在《童幼教育》中爲"國家之藩屏"。參見高一志著，梅謙立編注，譚杰校勘：《童幼教育今注》，第212頁。
[3] 《童幼教育》此處多一段："惟正者令著述頒行焉。於戲！正道之書，藏於宮中，如寶庫，如藥石。事難，常取以周急而療病；事順，常取以攝心權而約邪侈也。"參見高一志著，梅謙立編注，譚杰校勘：《童幼教育今注》，第213頁。
[4] 《童幼教育》此處多一句："所積財賄惟斯焉耳。"參見高一志著，梅謙立編注，譚杰校勘：《童幼教育今注》，第213頁。

也。夫人命夭短，自所積學，未能廣且成，乃正書備往世之實學，使我一覽輒廣益焉；人性先馴，自所積惡，未能廣且深，乃邪書具不肖之惡行，使我一覺軋習染焉。古之聖人比善書于藥室，諸疾病各得其所以治之則也；比邪書于疫室，人往無不沾其惡邪也。

西土二士[1]，一曰意納爵，其初武人也，忽傷足而寢，以讀書排遣。偶讀聖人書一種，愛而不舍，後遂成明道之師焉。一曰奧悟斯丁，初誤習於異端，然非其心也[2]，後得保祿名聖宗徒之書，遂如寐醒，去異端而入聖域。歷察古今名修君子，無不從善書而立；天下邪術左道，無不從邪書而傳。是以吾泰西凡圖功於明修，必耽玩美書；若諸邪書，雖飾以高文，不屑視也。

蓋人心得文之美者，先喜其文，次喜其情，終從其教。若美文邪書，如注鴆于玉瓚而獻之，其可食哉？歷山王從幼習于古詩，未嘗見實，其父斐理伯問曰："齋中書不少，汝惟讀某詩不舍，何也？"歷山對曰："諸書多非要道，或溺于賤陋，而惟斯詩乃進我于正道也。"噫嘻！親之愚者，嚴于小兒之飲食、衣服，而于其所始習之書，邪正不謹，則何獨忌其身之害，而反不忌其神之害耶？室中偶遇蟒蛇，即驚而逐之，乃或藏毒書而不驚乎？或見其幼子落于邪，未有不悔恨者，而不識其所藏之惡書為諸惡之端也，惜哉！

---

[1]《童幼教育》此處直接以"西土有士曰意納爵""西南又有俊士名曰奧悟斯丁"開頭敘述二人事跡，未以"西土二士"總起。參見高一志著，梅謙立編注，譚杰校勘：《童幼教育今注》，第214頁。

[2]《童幼教育》這一句更為複雜："幼時不幸習于邪師之門，而溺於異端之邪書，但心終不安定，欲歸正，未及見所當由之路。"參見高一志著，梅謙立編注，譚杰校勘：《童幼教育今注》，第214—215頁。

西學第十五章[1]

　　或問：文學既爲國家急務、童幼要業，當如何則可？余曰：國有道，必有學焉，但學之序，彼此不同，吾將陳西學之節，或有所取而助大明之學乎？

　　吾西小童開蒙之後，遂習于文，蓋言者，人所以別于獸而交接于物，則始學無不宜修文者。然太西之文，約歸于五而成：先究事物人時之勢，而思具所當言之道理，以發明其美意焉；次貴乎先後，布置有序，如帥之智者，節制行伍，勇者置軍前後，而懦者屯中；次以古語美言潤飾之；次以所成議論，嫻習成誦，默識心胸；終至于公堂，或諸智者之前辨誦之。此五者之中，必貴實理而致于用焉，豈徒具其文而苟吐散于空中乎？

　　或衿紳遇事難決者，或民習于陋業而沉于邪俗，或賢者罹于非理之訟，或當讚頌聖賢之功德，或譏彈不肖之惡習，或防國家之灾而滅將萌之亂。于是知文之士，具正論于衆前，從高座剖析事理，使疑盡釋，枉者伸，詐者服，兇者伏誅。及以修道設教，使弱者見易而立志，狂者見難而加謹。或述已往之政制，使諸君子得其正譽，而諸小人憚其譏彈也。

　　文學畢，則衆學者分于三家而各行其志矣。或從法律之學，或從醫學，或從格物窮理之學焉。三家者，乃西學之大端也。

---

[1]《童幼教育》這一章正文之前保留了關於這一章的創作的簡短說明："此稿脫于十七年前，未及災木。同志見而不迂，業已約略加減刻行矣。茲全册既出，不得獨遺此篇，遂照原稿併刻之。"參見高一志著，梅謙立編注，譚杰校勘：《童幼教育今注》，第216頁。

其一家若法律之學，本浩博且重，不可忽也。蓋諸法典自天主之命始，質正理而立，據聖賢而施，志于均治而行。先知者嘗謂法度乃天主之聲也，寰宇之神也，國家之筋也，道德之甲也，訟獄之司也，五倫之紐也，雅俗淆亂之斧也。則廢法度于世，與廢日于天，去神于身無異。諸實學中，豈不當有專務公法之學，計振本國之政者乎？凡圖秉國敷治，而不修國度之學，比于無翼而欲飛，無戈而欲戰，可乎？古西國有士，未習于法學，臨民攝政，偶遇訟事之難，即不敢自決，乃托左右之吏處焉。時有賢者，過而笑之曰："嗚乎！夫仕者乃管籥焉，非旁人吹之，必不出聲也。吏是彼是，吏非彼非，不如吏爲官，官爲吏也。"以故泰西諸國，皆立法度公堂，時時奉数高士，以設其正傳。俾凡欲從政者，六載之久遊其學，方應嚴試，而惟取其可以從政者也。

其二家謂之修疾治命之學。蓋世人所重者命，所忌者病。病之名無算，療病之神藥正方無幾，諸疾所繇之故難究，非得博學醫士，安能起死而回生也？欲治田，問良農；欲考室，問良工；而于生命之重，獨不加謹，乃惟所立方製藥，遽妄信從乎？諺曰：賊人心莫甚邪俗，賊人身莫甚邪樂。病之虐，不如醫之愚多殺人也。病之重，十死一二；醫之愚，十死七八，傷哉！故吾泰西古俗，醫有公學，諸名士釋古醫之遺經，發明人性之本原，辨外躰百肢之殊、內臟諸情之驗，及萬病之所以然，而因設其所當用之藥方。亦大約六年中，師教其弟子以切脉及療治之法，後嚴考試，而非領考司之命，不得擅行醫也。

其三家費羅所非亞[1]，譯言格物窮理之道也。名號最尊，學者

---

[1] 即哲學（philosophia）。

之慧明者，文學既成，即立志向此焉。此道又分五家，一曰落熱加，一曰非西加，一曰瑪得瑪弟加，一曰默大非西加，一曰厄第加。[1] 落熱加者，譯言明辨之道，以立諸學之根基，而貴辨是與非、實與虛、裏與表，蓋開茅塞，而于事物之隱蘊，不使謬誤也。非西加者，譯言察性理之道，主乎明剖萬物之理，辨其本與末、性與情、其當然者與其所以然者。依顯測隱，緣後推前，緣其既知，以致其所未知。故其學浩博，非他人學可比，凡上天下地中，火氣水土之域，萬象萬生之品，造化之妙，四時之序，四行之交互，五金之凝結，百穀之成熟，種種具焉。瑪得瑪弟加者，譯言察幾何之道，主乎審究形物之分限者也。其分者，若截以爲數，則顯物幾何衆也；若完以爲度，則指物幾何大也。其數與度，或脫于物体而空論之，則數者立算法家，度者立量法家也。或二者在物体，而偕其物議之，則數者如在音，相濟爲和，而立律呂家；度者如在動天，迭運爲時，而立曆法家也。此四大支，流析百派，皆可究極精理，此未暇詳也。默大非西加者，譯言察性以上之理也，則總論有形諸物之宗理，分析萬有爲二宗品，一謂之自立者，一謂之依賴者，依賴者又分九宗焉，終設神鬼之精論，而漸著明萬有之源本也。厄第加者，譯言察義禮之學也，其務不外乎三者，先以義禮修身，次以身齊家，終以家治國是也。然計修身，先剖析義禮與諸德根本異同及其細情，使吾知其所當從之善，與其所當避之惡也。次論立室、生產、資業、養育之道，使知其所當取，併其所當戒也。次區別衆政之品節，而銓叙流品，考覈政事，使

---

[1] 落熱加即邏輯學（logica）；非西加即物理學（physica）；瑪得瑪弟加即數學（mathematica），或譯瑪得瑪第加；默大非西加即形而上學（metaphysica）；厄第加即倫理學（ethica）。

其正者顯且存，其邪者棄之也。

若是者，人學庶備矣，但人學之上尚有天學，西土所謂陡羅日亞[1]也。此學乃依古今經典，與諸聖賢注論，剖析正道之本源，而攻闢異端諸邪也。其學亦分四大支：一論物上必有一主，至大、至明、至善、至公，即詳其性及其妙情；一論天主造成天地及萬物之功，而萬物之中，神與人爲靈貴焉；一論萬民所向之真福，及其所以得失真福之善惡，及諸善惡之正報；一論天主降生救世之來歷，及其化衆而登大道之奇功，以至歸天，而定後日教化之諸規也。

夫天學已備，即人學無不全，而脩齊治平之功，更明且易，行道之力更強矣。故吾西大學之修，從認己始，而至于知萬有之至尊，正所謂復其初、反其本也。然既明于是，又從彼推廣其仁，愛人如己，使各克其職，而盡其分数焉。其中又有高志之士，既勤苦于彼諸學，尚進習于正道之妙，而涵育其中，以成純德，修身不已。雖文業自足聞達，乃反辭尊位重祿，離父母、骨肉、親戚，施豐貲而甘困約，煩劇身心，鏟滅名迹，以談道勸德。倘遇邪教異端，輒殫力鬪之，以扶天主正傳，即致命不顧焉。

此吾太西總學之大略也。若其詳細，則吾耶穌會中人，類能言之，倘有下問，不敢憚煩。且譯書次第出，會見天人之學，布滿中華矣。

---

[1] 即神學（theologia）。

飲食第十六章

　　亞訥加氏，西國古賢也，嘗設三誡于學，腹一、舌一、色一。害正學者不止三，而腹尤甚。試觀酒肉醉飽，則心志墜溺，乃舌易肆于言，而情易恣于淫也；甘淡薄，則美志立、慾易約，而舌亦不至縱矣。

　　雖然，飲食之欲，治之最難，蓋根乎情性，與人並生而不可絕也。取其適可，而辭其大過，成德之士猶難之，況始學乎？故聖教明師皆曰："凡志于清修之學，宜先克最難克者，則飲食之欲是也。"稍順之，則衆慾恣侈，道德傾隤；欲絕之，則肢躰餒弱，學業輟息。必酌其中可耳。

　　故父師教育之際，當早正其欲之萌芽，或視農法焉，或視獵法焉。農法曰：諸木植茂，時以清泉溉之。但溉之不得其時與數，反以害之。童孩者長之急，又多内火，即未免厚供之，然而或失時、或失宜，亦未免致患矣。獵法曰：欲習犬于獵，使疾趨而獲獸也，必養之薄，時空其腹焉。蓋肥者未能善走，焉能獲獸乎？夫幼者欲習于文藝之學，法莫善乎育之薄，不使飽飫，爲美業之滯也。

　　蓋文德全成，必欲氣之清潔，以受種種外物之像焉；欲司記之堅固，以含存諸像焉；欲明德之靜漠，以洞徹萬物之理焉；欲志之高且定，以決諸疑而處諸事之難焉。四者廢其一，而成其學者鮮矣。豐饕者多血氣垢濁，記心漏散，明悟昏昧，志氣顛躓，而學尚有所立之地乎？弟呵泥恤古西海名島之虐王也，遇所忌賢士幼子，欲害之，饗晏無度，卒致廢學，而溺于不肖。噫！惡王千計，不能害大賢之子，而惟豐飲食以敗其學，巧哉！亞日西老氏昔爲名將，忽帥軍經地中海[1]島名達瑣，衆民饋以嘉味數種，賢將惟納其最薄，而辭其旨者。使者屢懇，遂分散于下僕，不自用也。使者問故，將曰："務于道德者，必不滯于穀膳也。"

夫形神二物最相近，形神二養又最相遠。身飫則神臊，未能專于正學之要焉；身饑則神清，未遑營口腹之陋焉。加肋諾古爲大學之宗，壽至一百四十歲，或問之，曰："子從何法，而學之廣，壽之長乎？"曰："無他，貶食減飧，而未嘗飽也。"記者曰：多食者未能延命而致壽，未能立志而廣學。多食之禽每卑飛，不能舉躰而天遊，享清氣焉[2]；豐養之幼多污陋，能立志專高務耶？

伯兒西亞古爲道邦，其遊學者不許任意取食，至學堂，賢師叩之，饑之時，始以苦者、淡者與之。辣責德末納亦古名學之邑也，于幼之飲食有分數，不可疏[3]，踰者必懲不赦，幼中罕見有胖体者。每季試童子，肥者輒責罰之，減其日需，使反其原體之臊焉。試期至，即具定數之腰帶，而量各童之腹，其不如[4]帶數者責之。至于大節，則取醉僕置市中，使衆童圍聚，隨意撻之，俾觀彼驚惶，不敢侈于飲食也。因多國古俗于幼之育尤嚴，同学日侍師側，非其命弗敢聚食。將食，師先審各童之功，其敏者則譽而

---

[1] 在《童幼教育》中此處"地中海"爲"地西海"。參見高一志著，梅謙立編注，譚杰校勘：《童幼教育今注》，第223頁。

[2]《童幼教育》這一句更爲複雜："多食之禽常係于垢土，弗見發體而任天遊，以享其清氣焉。"參見高一志著，梅謙立編注，譚杰校勘：《童幼教育今注》，第224頁。

[3] 疏，結合上下文，疑爲"踰"之誤，《童幼教育》此處爲"踰"。參見高一志著，梅謙立編注，譚杰校勘：《童幼教育今注》，第224頁。

[4] 在《童幼教育》中此處"如"爲"入"。參見高一志著，梅謙立編注，譚杰校勘：《童幼教育今注》，第224頁。

容于席，其惰者則叱不容于席。坐席之範，弗談笑，不苟動，取其淡素，起而趨學。若近世學道，去彼世殊甚矣。愚親養子，若養牲不異焉。

至于戒酒，宜尤嚴。蓋幼者禀氣旺而性急，使随意啜酒，將加火于火矣。古聖曰："酒乃道德之敵、潔淨之讎、神身之甘毒，好之者，焉能好道德之學乎？"古聖又曰："酒之用有四級，一謂之須，一謂之喜，一謂之辱，一謂之狂。"蓋幼者所須甚寡，漸喜嘗焉，遂至辱且狂矣。故吾泰西古今諸修幼學之都邑，或一旬、或二旬之間必禁酒，不使童幼之心昏迷而棄美學也。蓋早習于酒者，必遲至于知，無不然也。

衣裳第十七章

造化主爲人具衣裳，以蔽四躰、禦外患也，古之人奉命不違，後世人心漸侈，其于衣服，奢華甚矣。篤瑪所聖人曰："吾先祖初生時，得性情之正，乃無衣而不耻其裸。既而逆命，爰始知羞，乃主慈憐，以裘衣之。愚民漸侈于衣，則以元罪所遺，爲本身文飾。"哀哉！譬之奴僕，或抗主、或劫家貲，而所得火印[1]，不以爲累辱也，反以爲本躰美飾，可乎？故經戒曰："勿誇于美衣，勿喜于光日。天主之命，不可測也。"解之者曰："從粲粲衣服而喜，未必無愆罪焉，未必不承天主之僇焉，可不慎哉！"

---

[1] 在《童幼教育》中此處"火印"爲"服飾"。參見高一志著，梅謙立編注，譚杰校勘：《童幼教育今注》，第 225 頁。

至于童幼衣裳，尤宜加謹。蓋諸自外而昏惑幼心者，莫如衣裳之文飾也。古言曰：外修彌盛，內修彌瘁。譬之日光，愈大愈昏目；衣之光明，未有不昏其心者也。孔雀負五彩而張華輪，羽禽之中，最爲奇麗，對太陽而舒顧自喜，已俯視其足之醜也，則廢然矣。幼者盛服與孔雀無異，睹身之文飾，驕矜焉，不視其本情之惡邪乎？

奧悟斯多，吾西古賢王也，嘗設訓曰："服之奇豔，驕傲之旗、邪淫之巢也。"火得薪之乾，傲得衣之文，皆易發焉。《易》云："冶容誨淫。"冶容多係于衣裳之華麗。淫與傲既入其骨髓，乃圖從學而務內修，得成乎？昔聞一師臨學，見門人中或袨服者，責之曰："此衣乃招淫之表，非求道之驗也。"中古賢者忽逢鮮衣少年，譏之曰："墳兮墳兮，外飾內醜，奚可近兮！"掩鼻而過之。又聞師之陳訓曰："善且正者，若貞靚之女，不假文飾，自見閒美；其惡且邪者，若淫陋之妓，時時塗抹，愈見醜賤也。"

物愈真正，愈喜質樸，不求其文；愈假邪，愈謀粧飾，不欲露其本質也。往有智者寓言曰："山烏自醜其形，假群雀之彩羽飾之，抒翅長鳴不已，俄群雀至，聞其聲而鄙之，盡褫所假而復其故。"於戲！凡好華衣者，概以羊豔餘飾，圖遮其醜体愚心，至于出聲發言，終爲人所笑棄耳。[1] 獼猴或得衣女衣，直似真女，既而察其情，則猴耳。

幼之愚者，強飾以文繡，弗能改其禀之濁也。若幼而好學者，

---

[1]《童幼教育》此處多一段："德抹納，上古名士也，塗中遇童幼盛衣自詡，笑而提其耳曰：'勿傲乎，勿傲乎！是衣乃豔羊之衣，曷傲乎！'或借衣于友，爲頃刻之飾，君子羞之曰：'爾借諸禽之餘毛剌羽，爲本身之美飾，既不自愧，猶傲人乎哉？'"參見高一志著，梅謙立編注，譚杰校勘：《童幼教育今注》，第227頁。

志于内文，不求外飾，計内之有餘，不患外之不足矣。彼亞氏古七名哲之一也，嘗曰："明智多隱陋衣之下，愚鹵多藏鮮衣之中。"明珠之貴，輯于粗蚌；薔薇之芳，產于刺木。故吾泰西學規，不許任意衣飾，厥有分數，踰者致罰。蓋幼性好奢，好文于外，未識內修之美也，自非嚴父明師爲之指南，豈能自進乎？

然童幼之衣宜約且薄，亦宜齊且潔也。衣之盛美，率爲傲徵；衣之穢惡，率爲汙徵。日落泥抹聖人曰："衣之用，好學者必居其中。與其奢，寧儉；儉之中，與其汙，寧潔。"蓋外儉表心之謙抑，而外潔證心之清明也。

寢寐第十八章

有寤必寐，理也，故養育之道，非寢不成焉。晝之所業已殫力矣，非夜之安寧，不能復補。是寢卧乃安心神力、清氣消苦、奪憂潤體之藥也。若童幼弱質，不可久困，則寐寢乃孩童之次食也。但不得其道，將溺清神而負美學，如旨食過宜，非特不致養之功，而猶招害矣。古明醫嘗云："寢越分數，則散四体，殘元氣，昏靈才，衰記性，煽邪欲，肆懈怠。"嗟夫！寢寐非他，譬關市之征，將取吾光陰之半而去也。乃或未厭夜寢，又耽晝眠，豈不再廢其所當用之時耶？

伯兒納聖人嘗謂："吾委之去而無益者，莫如寢時也。蓋有人于此，獲金數鎰，或粟數斛，而用之貿布帛器物，以益其家，此非謂之費，乃交易貨物，猶可謂之有也。若其費可用之時于寢卧，此非无益之費乎？"往者賢師進其門人于勤學曰："勿肆于寢，寢乃清年之虐賊也。"世寶无貴乎時，人資無重乎命，人命之大半爲寢所暗竊，而吾猶不哀、不覺乎哉？穿窬負微貲以去，猶亟捕之，若吾年命之數已去不可追，已敗不可補，吾反委擲於懈寢不悔耶？有人於是天主賜之壽，使至耆耄焉，或計減其數之二旬或一旬，人必不願。今爾得命于天主，未必壽也，以力以財不可延之，乃自甘分之于無益之卧寢而不惜乎？

先知言寢者，或謂死之像，或曰死之兄弟，或曰死者長寢，而寢者暫死也。則生而好多寢者，是暫好遊死者之境界矣，傷哉！意非加、厄罷迷，古太西二智將也，遇國事急，深夜各巡其所督之營，遇守營軍寢寐者，則撫劍死之。或異而罪之，答曰："夫軍也，宜守營備患，捍國安家，而反寢寐，必自投于死者之中矣，吾遇而留之，何殺焉？"嗟乎！造化主置吾生民於斯世，必計吾修道德而積美功焉。夫修道積功之期，如駒之過隙，乃吾以多寐減其功，如之何？古賢嘆世曰："吾日飲食焉，禽獸亦然；吾飲食而卧焉，禽獸亦然；惟至于修人學焉，禽獸必不然也。於是爲人事之多，禽獸之少，不亦宜乎？"

自古務于正學，無不欲恒寤而不息也，倘不獲已，方稍偃卧而休息焉。亞里斯多氏，古性學大宗也，向務格物究理，屢忘日用之薄需，連星于日而不覺。苟不得已，聊安以補力，必先持銅毬一枚，然後閉目，未久球落銅盤，即驚醒，不使久寐也。[1]德抹斯[2]，古文之名師，夜醒，忽聞百工之修業，則自責曰："斯微

---

[1]《童幼教育》此處多一段："則凡立志欲成其學，豈可懷安於寢乎？噫嘻！百工止圖賤利，無時不勤苦，起早眠遲，經年弗改也。乃志於大學者，可寢而棄其正業乎？"參見高一志著，梅謙立編注，譚杰校勘：《童幼教育今注》，第230—231頁。

[2] Demosthenes，或譯德抹、特牧斯德。

民也，已起久矣，拮据於賤陋如是，而吾修文學，猶不如彼乎？"今之學者，聞其言而觀其行，安可不效其志而法其勤也？

交友第十九章

友者人之比，宇内無人自足以生，自足以事，則亦無人不須友以成也。故天主歸斯民於同宇，命其結親交友，彼此相助焉。倘除友于人，是除日月於天，除水火於地也。若童幼者愈偏於愛情，必愈趨於結友。古所謂"老者多積資，幼者多積友"是也。

雖然，友之積，彌易亦彌危，蓋幼之成敗，概系於友之善否。何者？恒所聞見，漸入于心，引而效之，不自覺也。《聖經》曰："與聖者交，必將入聖；與善人交，亦將爲善；與惡人交，亦將爲惡。"信哉！伯路氏曰："爾自謂與何人交，我亦謂爾將爲何人。蓋交于儒者，多習于書；交於獵者，多從田逐獸；交於醉者，多湎於酒。未見相交之久，而不相從相法者也。"向爾無病，但親近於篤疾者，彼患將逮於爾躬矣；向爾無香，但親近於懷香者，彼氣將散於爾躬矣。古明賢謂："嚴君明師之訓，大不如朋友之語能動人心。"以此觀之，凡學者可不謹所交哉？

吾西先知者設陳擇交真論，欲童幼友其益者、寡者、永者，而戒其友之損及衆且新者也。或問賢師："與何人友可？"答曰："於益者而已。"又問："其益者云何？"曰："善于我者則謂之益。"蓋真友之義，以德志之相似始立，以德行之相長始成，所謂"正友之結，以德爲本，以德爲終"是也。兩石忽值而相擊，則著光發火；人倏會談交，如相擊然，相交而内德之光志遂彰矣，德彰而相結成友焉。友以德起，相長相益無已矣。古諺曰："燈無膏，友無德，不遽滅乎？"西史曰："善者相交謂之友，惡者相交謂之盟。"傷哉！陋俗交友，多惟計賤利之益，而未喻大德之益，則何異於商賈也耶？昔者或始交於賢而富者，未幾求以微利，賢曰："向爾必計友吾金，未計友吾身？"且舍所求利而永辭之。蓋志於利而友者，至於無所望而友止矣。嗟夫！德者生人之寶也，則其能益我以德，甚乎能益我以財也。

西古名賢色搦加云："真友之妙，在以彼長補吾短，使齊彼善；又以吾長補彼短，使齊吾善。若無所取以補之，則亦無所取於友之義也。"或問聖人以益友之道，答曰："順我於理，逆我於非，直言吾惡，簡稱吾善，希言多行，所許遂踐，乃益友也。若其無順逆之殊，飾吾非，揚吾是，且狂於言而略於行，乃損友也。"故幼之智者，於結友必勿忽，必勿速焉。比達卧辣，上古之學宗，嘗戒曰："勿苟伸手而取友也。"

蓋人性情難測，友之惡者難辨，則豈可速交乎？諺曰：急於取友，未免致悔。取而旋悔，不如不取矣。智者擇友之遲，猶有謬焉，愚童結友之速，能免謬乎？是以先知擇友，必欲彼此同食鹽幾斛，然後定交焉。蓋限以時日之久，而因擇其所從也。若吾西古俗，仁親智師不許幼童任意取友，又不待鹽食之限也，乃自定所從友，而先察其益與害焉。若其幼者繼世，非特承父之產業，尚從父之善友。蓋父所已試忠信之友，孝子以為美資，而無故不絕也。故罷辣多曰："父卒而遺寶資之重於子，大不如遺善友之眾。"豈不信哉！

薄厄爵，西土大賢也，向聞其友遭患窮困，則慰之曰："爾室豐業雖亡，信友之衆仍在，不必憂也。"[1] 明忠信之友有數，則吾所當交者寡矣。經云：千中取一。凡物貴且奇者必不多，多則不奇不貴矣。昔者或誇以多密友，賢者聞而譏之曰："爾無密友矣。" 蓋友之多者，初不可証試，中不可密交，終不可存保，乃易合而易散矣。色搦加氏嘗謂："吾凡出而友賢之希者，必倍吾善而歸室矣；凡出而友愚之衆者，必倍吾惡而歸室矣。"

　　益友既覓之久而結之固，則無大故終不可絕也。古言曰：友之無故以新易舊者，不但失往日之恩，又將致害矣。幼者無知，每順則相結，逆則相棄。比之淫妓，與其所交，時容時棄，時愛時厭焉。知道君子既友，友之德未有不久者也。

閒戲第二十章

　　人性如弓，一張一弛，豈能恒用力於正業乎？若幼之氣質猶弱，心志未堅，則非閒戲間之，弗能久也。德抹氏曰："人學如行路焉，路遙而無歇息，行可遠乎？"學長且難，令無優游之時，豈可成與？線急牽，定將斷；學大迫，必將衰。西之古聖，務修數載，德名藉藉，欲稍寬解，遇小鵲摩弄之。從者異之，聖人識其疑，遂命從者執弓使張。從者如命，既引滿，聖人又命其復張，從者辭曰："若是豈不敗乎？"聖人曰："然則彀弓有數，而分不

---

[1] 薄厄爵即波愛修斯（Boethius）。《童幼教育》此處多一段："若伯聖人一朝聞廣業敗毀、子女壓死、屋室傾頹、衆僕虜亡，乃有三信友者，終不離於側。則《聖經》所謂'金銀之重不可例於信友'者，然矣。"參見高一志著，梅謙立編注，譚杰校勘：《童幼教育今注》，第 234 頁。

可踰;乃大學之務,可越弱力之限耶?"木性堅固,猶弗堪久觳;乃骨肉之性,能久苦乎?鐵柱恒磨,輒細如針;石之堅厚,恒踏則薄;而人之才力恒用,能免過勞乎?故先知者雖嚴於幼學,然必量其力,使舒泰,或寬逞顏色,而從其當然之戲也。

但於閒暇時,慎戒而不敢忽耳。罷辣多嘗曰:"無事之時,為幼之所當謹也。"蓋幼性迫急,所為不知適中,至於閒暇,或過佚玩,或侈肆慾,不思回業,向所習文學美藝,必見亡矣。諺曰:屋久不居則塵,斧久不擊則鈍,水久不動則臭。而幼心久寧不用,將不失其前功與?膏腴之田,或翻勞之,或空歇之,農之恒也。但以法空之,必無不倍益;倘非法空之,必荒敗矣。幼者恒習於正業,而或稍休之,義也;倘得休歇之久,必將荒而棄舊學矣。何者?幼之性未有不忌苦勞而就安樂者,則雖早習於苦,但至安樂,必持之固而舍之遲也。是以古之名賢嘗謂:"夫色與閒,未試者猶易戒也,已試而欲其不過宜,難之甚矣。"故諸明智者,學修之際,恒欲嗣業,而不欲間斷,忌閒暇如寇讎,而不敢忽焉。<u>日落泥抹</u>聖人曰:"吾居有事之時,未必忌鬼魔之巧媚焉;而獨于無業之隙,則不敢不戰兢也。"蓋鬼魔如賊寇焉,必乘人懈而敗其貴資。以故好學者不獲已而當稍閒,姑舍所執之業而適他事,必不敢懈於其閒焉,所謂"雖休勿休"是也。<u>默囊德氏</u>,古之工詩者也,云:"吾與閒暇而無疾,寧抱疾而無閒也。"蓋疾雖虐,苦吾肉体而已,若閒者多溺心於惡,所謂"無事之時,概為邪事之始"。

吾西數國從來有律,凡遇童幼閒遊,無定業者,必責懲拘囹圄,不使荒佚而亂俗。若其脩學之童,侍賢師之側,有定時閒戲,聊舒懷焉。古規當此時,既得齊年、齊力,併齊其學,則拊瑟可,歌謠可,作詩可,習奕可,蹴鞠可,較射可,擊劍可,騎馳可,若博擲等非禮之戲，定不許焉。聖人有言曰："幼之喜戲有道，必堅其体而養其志；非道，則溺其体而散其心。"試觀童幼初得正教，務學不休，一與博徒交密，遂忘前學，不聽父師，不顧益友，飲食廢置，卧寐弗思，道德不問，生死不與，惟言思夢想在博中，所謂"好博之心多不在本身"是也。

夫博之邪俗，非惟害學而散心志，抑亦破本家之業而敗他家之產也。[1]是以古賢論賭者于盜賊，而以盜賊之僇罰處之也。又曰：一賭之事，概兼衆惡。好賭者多恨怨天，傷義禮，壞國法，置孝弟，廢五常，毀善俗，敗家業，奪民財[2]，亦以衆惡之罰罰之，不亦宜乎？吾西諸國，從古賭者必服重刑，其負賭債者，官不為追，即自索得之，為負者所訴，亦追反其人焉。又欲塞諸引賭之路，則凡招引舍藏賭者之流，必重懲之。愚親每怨其子之不肖，或肆賭敗家，而不知預止其將萌之患。則惟于正學餘力，引以閒戲之近正者，勿令溺於諸邪習可也。

齊家西學卷之三終。

---

[1]《童幼教育》此處多一段："蓋博非財不行，則百計千謀，必欲得所應賭之需耳。今日所輸之數，明日望復，復其金而猶逐者望不止，竟終弗獲，益復輸焉。不覺漸消家產，貪賭之心尚未滅也，反欲圖人之財物，若未能順得，必強奪之矣。"參見高一志著，梅謙立編注，譚杰校勘：《童幼教育今注》，第237頁。

[2]《童幼教育》此處多一句："是數者之惡，皆從彼生也。"參見高一志著，梅謙立編注，譚杰校勘：《童幼教育今注》，第237頁。

齊家西學卷之四

極西　高一志　譔
虞城　楊天精
河東　衛斗樞
　　　段　袞
　　　陳所性
　　　韓　霖　校

齊僕婢

僕婢，所以充使令也，故齊之次于教子。其始、其職、其勢，詳之于左。

僕婢之原第一章

大主厥初生人，非欲相役也。[1]性之清潔聰貴等，何有主之崇，與僕之卑哉？萬民之聚，如慈親、孝子、友昆、恭弟，相親相資，

---

[1] Gregory the Great, *Moralia in Job* (Book 21, Chapter 15): "God created all men equal in nature" (Omnes homines natura equales genuit).

成一室之和焉而已。[1] 即染元罪，爲魔之奴，則僕役之辱，始入人族中。愚役智，貧役富，弱役強，所不免矣。蓋人違上主之命，性分既偏[2]，知愚互異，貧富強弱不齊，其勢不得不相役耳。否則愚無以明，貧無以給，弱無以庇，衆民何以治乎？故曰："僕婢之辱，非原性所有，乃元罪所致也。治之之法，曷容已？"[3]

僕婢之等第二章

僕婢之等有五，族類一，俘虜二，罰譴三，自鬻四，掠賣五。[4] 五者之外，有賃身作傭，甘聽人命者，未至全失身權，然俗亦謂之僕役。[5]

---

[1] 貝拉明（Robert Bellarmine）在《論平信徒》（De Laicis, chp. VII, p. 318）中論證，即使人類沒有經歷墮落，也會有政治原則和政治權威。這裏的權威是指導和引領的權威："甚至在無罪狀下，人類也自然是社會動物，因此需要一個統治者（rector）。"在《論六天的勞作》（De opera sex dierum, V 7.12.）中，蘇亞雷斯（Francisco Suárez）論證，即使在無罪狀態中，不僅會有家庭團體，也會有政治團體，因此會有統治權，雖然沒有奴役和強制權威。參見 Harro Höpfl, Jesuit Political Thought: The Society of Jesus and the State, c. 1540-1630, p. 208。高一志此處所謂的"清潔聰貴"，應指墮落前的無罪狀態。

[2] 應取自儒家"正偏之性"之說。

[3] 這一章論證，人類最初沒有僕婢，由於原罪，人類的不平等導致主僕關係。奧古斯丁認爲，統治他人是有罪的，來源於對統治激情（libido, cupiditas dominandi）。參見奧古斯丁：《上帝之城》第 19 卷第 20 章。

[4] 這一分類見於經院文獻，"族類"對應出生條件（conditio nativatis），"俘虜"對應戰爭法（Lex belli, Jus belli），"罰譴"對應犯罪（delictum, justa condemnatio），"自鬻"對應買賣（emptio et venditio）。參見 Luis de Molina, De iustitia et iure, Tract. II, Disp. 33。最後一個條目"掠賣"似乎是高一志的發明。

[5] 所有經院文獻均認爲，僱傭合同不應被視作奴役。此處"俗"可能指拉丁語的習俗。"身權"指對自身的擁有權，下文稱作"自主之權"，在上文五種情況中，人們失去"身權"。晚明中國亦可見此類有期限的僕役，被稱作"僱工人"，參見蒿峰：《試論明代奴僕制度》，第 91 頁。

族類者，子體從二親分，親貴子貴，親賤子賤，理也，勢也。子之形體，係于母胎，故母胎之勢，無不傳于子體也。[1] 公論、公制、公俗如此。[2] 中國之俗，子從父勢，因父爲一室之首也。[3] 智者依各方風俗定制焉。[4] 然勢從形體，不從靈神，蓋身係役，而神得自主也。[5]

俘虜者，敵國相征，多有被虜者，依古制古俗，爲之奴。[6] 西國之俗，被虜者聽贖，贖如所約之價，則脫役自適，不強羈也。若羈不令贖，爲傷義。[7] 見強羈者，脫而逸焉，可也。[8]

罰譴者，罪之輕重不等，則刑罰亦不等。先賢遵上古欽恤遺

---

[1] 根據羅馬法條款"胎兒與母胎長生不離"（quia partus sequitur ventrem），女奴隸所生亦爲奴隸。《神學大全》繼承了這一觀點："這是理所當然的。因爲子女由父親而得到形式的配備（complementum formale），却由母親而得到身體的本體（substantia corporis）。可是，奴役却是身體的情況，因爲奴隸是主人工作的工具。所以，在自由與奴役方面，兒女與母親常隨不離；可是在地位方面，因爲地位出於物的形式，兒女與父親常隨不離，例如：榮譽、民權、遺產權和其它方面。"（Summa theologiae, Supplement, q. 52, a. 4；中譯參見阿奎那著，周克勤等譯：《神學大全》，第十六册，臺北中華道明會 / 碧岳書社 2008 年版，第 436 頁）。

[2] 三者依次對應古羅馬的"公論"（the agreement of teaching）、"公制"（law）及"公俗"（practice）。

[3] 在父家長制的中國家庭中，後代統一繼承父親的身份（自由或奴役）和地位（各種權利），並未出現西方式的分離。

[4] 莫尼拉（Luis de Molina）與萊修斯（Leonard Lessius）均承認，許多國家並不遵從羅馬法，父親決定了其子女的狀況，參見 Luis de Molina, De iustitia et iure, Tract. II, disp. 34, p. 166; Lessius, De iustitia et iure, Leuven, 1605, p. 43. 高一志認爲，中國亦是如此。

[5] 高一志認爲，父母的影響決定子女的外在情況，但子女的靈魂是自由的。

[6] 依據萬民法（jus gentium），莫尼拉認爲戰爭俘虜是奴隸（mancipia），這種奴役是允許的，因爲永久奴役較喪生更少惡。他設定的條件是，這些人必須是戰時國家的公民。莫尼拉將個人自由視作命運的善（fortunae bonum）。

[7] 基督教國家的法律禁止戰爭導致的基督徒奴役，參見 Lessius, De iustitia et iure, p. 12. 如果基督徒被海盜或穆斯林奴役，其國家有道德義務支付贖金以恢復其自由。

[8] 一般認爲，被海盜或穆斯林奴役的基督徒有權逃脫以獲得自由。參見 Lessius, De iustitia et iure II, chap. 5, n. 18, p. 44.

意，與嚴寧寬，罪不至死，則減等徒流，令其效力報恩。法既不廢，仁亦不傷。然法行之朝廷，屬之有司，諸役獨宜國家公務，私役則不可。[1]

自鬻者，匱乏至極，無策自全，則鬻子女；無子女，自鬻其身。夫人所重愛者，性命與自主之權也，不可兼得，則存性命而棄權矣。[2] 子女原從身出，至不得已，則捐子女以保身矣。[3] 上古負債不能償者，依國法充役以補之。西國自天教大行以來，建院給窮，不使鬻身及子女。[4] 負債者，依諸國制，或羈役之以補所負，寬其償限，補完即釋之。

掠賣者，遭盜掠不能脫，強爲之役，然其本情非甘爲奴婢也。或買之以爲僕，悖義傷仁，不可。得其情，宜速遣之。不然，遭掠賣者，乘間而逃，無罪也。[5]

賃身作傭者未失身權，但既立券期，當委身從主，非大故不可擅退，又不可荒廢主務，玩日塞責也。期滿，乃得自主而去，

---

[1] 莫尼拉認爲，人們會因犯罪的懲罰而導致奴役。參見 Luis de Molina, *De iustitia et iure*, Tract. II, Disp. 33。

[2] 在自然法中，每個人都對其自由有所有權，正如其他命運的善，但對其生命或身體沒有所有權，因此可以通過賣掉自己（此處的"自鬻其身"）而轉讓自由。莫尼拉設定如下必要條件：人們必須通過自由的意願來交易自身，並清楚自身狀況。參見 Luis de Molina, *De iustitia et iure*, Tract II, Disp. 33。"自主之權"即指對自己的所有權。

[3] 人們可以在有極端需求的情況下賣掉其子女，這一觀念可見於羅馬法和舊約聖經中。參見 Luis de Molina, *De iustitia et iure*, Tract. II, Disp. 33, p. 147；Harro Höpfl, *Jesuit Political Thought: The Society of Jesus and the State, c. 1540-1630*, p. 298。

[4] 高一志強調天主教（天教）救濟窮人的社會介入。在耶穌會士的報道中，傳教士提到售賣兒童，特別是女孩的問題。參見利瑪竇著，文錚譯：《耶穌會與天主教進入中國史》，商務印書館 2014 年版，第 61 頁。

[5] 莫尼拉和萊修斯均未提到"掠賣"這一條目，應是高一志的發明。此處提到，與被海盜或穆斯林俘虜的基督徒類似，被俘之人有權逃脫以獲得自由。

不復爲役矣。[1]

主之職第三章

　　《聖經》每云："主人之權,非人所得主,實繇天主與之。"[2]造物者不藉他力造物,然用他物治物,因以人治人。非如國君,智力或有所不逮也,惟欲通權顯慈,尊生人之意耳。[3]此權既爲天主所賜,則凡爲主者,宜思承上主之托,頒上主之命,法上主之治,而盡其職矣。天地之主,固以全能治萬生,然其治非如法吏,如仁親,慈畜之,惻矜之,寬勸之,智迪之,正命之,因才因能順使之,容失,懲愆,哀弱,啓愚,策怠。主人必存此心,體此情,方可法上主美治,盡職齊家也。歙析于後。[4]

---

[1] 在高一志生活的晚明中國,僕役屬於社會階層最低的賤民。由於商品經濟發展和貧富差距的擴大,很多良民爲逃避沉重的稅負而賣身爲奴,晚明士人蓄僕成風。其中有在士紳家世代爲僕者被稱作"世僕",其中部分屬於"佃僕",耕種主人的田產,擁有人身自由,與失去人身自由、服侍主人的"家僕"有異。"世僕"可對應高一志所謂源於"族類"的僕婢。晚明僕役及其妻子和子女的買賣亦極爲常見,可對應高一志所謂源於"自鬻"的僕婢。而高一志所論的"賃身作傭者"即有期限的僕役,亦可見於晚明,被稱作"僱工人"。參見蒿峰:《試論明代奴僕制度》;牛建強:《明代奴僕與社會》;趙軼峰:《身份與權利:明代社會層級性結構探析》。

[2] 參見《聖經·羅馬書》十三 1:"沒有權柄不是從天主來的,所有的權柄都是由天主規定的。"耶穌會士經常引用《羅馬書》第十三章,參見 Harro Höpfl, *Jesuit Political Thought: The Society of Jesus and the State, c. 1540-1630*, p. 189。

[3] 高一志此處似乎集中於討論主僕關係,避免討論君臣關係。與明智的統治者不同,主人可能並不明智,但通過其權威,主人展現其慈愛。

[4] 天主(天地之主)並非如法官一樣展現權力,而是通過慈愛糾正人,因此主人應在心中持有對他人的愛,並在身體上展現之。

主之慈第四章

主人治役之功，首重慈情。慈情无險不通，无難不克，无遠不致，无功不成。故曰："天上天下之力，莫大于慈。"[1]主縣慈治役，未有不全其功者也。主之愛役也，當思生同父，死同歸，寓同地，庇同天，勢岐尊卑，性情一也。

故主之視役，宜如一體之肢，一室之子也。一體中非獨元首尊，肺腑切，肩背强，即股足之賤，亦一體中不可无者。彼耳目口鼻諸司，非止趨元首之急，亦以公情急股足之需也。[2]故一家如一體，主首也，妻肺腑也，子女肩背也，役婢股足也，雖賤，可无耶？[3]

保禄聖徒論人主曰："汝爲主，忽忘天上更有大主。所施于爾役者，當如所願于爾主者也。"[4]上主至公无私，以慈親之心濟衆急，

---

[1] 參見《聖經·格林多前書》十三 4—13："愛是含忍的，愛是慈祥的，愛不嫉妒，不誇張，不自大，[……] 凡事包容，凡事相信，凡事盼望，凡事忍耐 [……] 現今存在的，有信、望、愛這三樣，但其中最大的是愛。"

[2] 參見《聖經·格林多前書》十二 12—18："就如身體只是一個，却有許多肢體；身體所有的肢體雖多，仍是一個身體；基督也是這樣。[……] 原來身體不只有一個肢體，而是有許多。如果脚説：'我既然不是手，便不屬於身體；'它並不因此就不屬於身體。如果耳説：'我既然不是眼，便不屬於身體；'它並不因此就不屬於身體。若全身是眼，哪裏有聽覺？若全身是聽覺，哪裏有嗅覺？但如今天主却按自己的意思，把肢體個個都安排在身體上了。"

[3] 參見《聖經·厄弗所書》五 22—六 5："你們作妻子的，應當服從自己的丈夫，如同服從主一樣，[……] 你們作子女的，要在主内聽從你們的父母，因爲這是理所當然的。[……] 你們作奴僕的，要戰戰兢兢，以誠實的心，聽從你們肉身的主人，如同聽從基督一樣。"這樣一種父家長制的家庭權利形態顯然和中國儒家是一樣的。

[4] 參見《聖經·厄弗所書》六 9："至於你們作主人的，要同樣對待奴僕，戒用恐嚇，因爲你們知道，他們和你們在天上同有一個主，而且他是不看情面的。"

爾敢視爾役如芥,因慢上主活像[1]、悖上主慈命、辱人類以及爾體也乎?上古名聖自述曰:"奴婢有所訴于我者,我豈敢棄之?不然,審判日何以對上主耶?"[2]罷辣多古賢論治曰:"國,大室也;室,小國也。主僕,君臣也,仁君于臣,視如子,非接如奴。"[3]

則仁主于役,必視如臣,接如子矣。役賤且陋,亦人子也,主善視之,无不覺而感者矣。[4]感恩圖報,禽獸有之,況人乎?故曰:"主致慈,役必致忠;主致恩,役必致力。"但慈必本義,勿使狎而失敬,俾恃寵長傲,顛倒主從,反失齊之正道矣。

主之命第五章

主施命,役聽命,分也。顧主所宜施,役所宜聽者,正命也。不正而強施之,爲无權焉,何也?主權自上主得之,即代上主而

---

[1] 上主活像應譯自 living image of God（*vivens imago Dei*）。
[2]《齊家西學》有意避免談及彼岸世界,即天堂和地獄。這裏的"審判日"指人在臨終時面對天主時的情況。
[3] 很難想象柏拉圖有將國家視爲大家庭、家庭視爲小國家的觀念,因爲柏拉圖在《理想國》中明確提倡廢除家庭。這裏的前一句話恐怕更多來自高一志比附儒家的杜撰。後一句話可參見《理想國》:"蘇:在我們國家裏對於治理者除了叫他們公民外還叫他們什麼?格:保護者和輔助者。蘇:他們怎樣稱呼人民?格:納稅者和供應者。蘇:別的國家的治理者怎樣稱呼人民?格:奴隸。"(柏拉圖著,郭斌和、張竹明譯:《理想國》,商務印書館 1986 年版,463A,第 199 頁)。
[4] 此處僕役"亦人子"之說,在晚明儒家論述中較爲常見。儒家士大夫家訓中便是以此理論,認爲主人應以仁慈的態度對待僕役。參見郭同軒:《明代仕宦家訓思想研究》,第 67—68 頁;蒿峰:《試論明代奴僕制度》,第 92 頁。高一志此處的論述,或許參考了其當時所見的天主教士大夫家訓。在提倡主人對待僕役的仁慈態度方面,基督宗教和儒家是一致的,但前者訴諸天主與人的關係,後者則訴諸親子關係。

命之者也。[1]上主至公无私，命未有不正者，則人主命使之權，必惟以正施之，否則何以強人從乎？正者何？義所可爲，分所當爲，力所能爲也。不正之命，主與役罪均矣。

即正命之時，亦聲不欲厲，言不欲疾，色不欲猛，勢不欲迫。一有之，非止无功，且以亂役心，而散其膽力矣。諺曰："懼愛二情不相容，懼情盛，則愛情衰，力散功墮，偶成亦倖矣。"[2]蓋人情遇強拂之，必逆必抗；和致之，無不帖然。有二主于此，一猛一和。猛者發命，役如聞雷震，懼而避之，何功焉？和者發命，役如當春風，喜而迓之，功不旋踵成矣。

故善遇婢役者，興寐有時，休息有期，此必不可奪之情也。人有專事，不曠足矣，无過督也。況事有緩急不同，仁主責役，急所當急，免事之誤，緩所當緩，省力之傷也。且各役才能，又復不等，責所不能，欲其一時畢數日之工，一人兼數人之務，亦非命之正也。凡志于治役者，不可不戒也。

役之育第六章

育婢役之厚薄，顯家主之仁刻。《聖經》云："愛人而不養，其愛不足信也。"[3]大主愛物，徵以發育之恩；慈親愛子，証以鞠育之事。家主以仁道治其役，可不厚育之乎？欲用牛馬且芻牧之，

---

[1] 根據《創世紀》和《羅馬書》，所有權柄來源於上主，天主將權柄委託與人類，由其代爲管理。

[2] 諺語出處不明。不過高一志在稍早的《修身西學》中曾詳細論及懼愛二情，參見高一志著，梅謙立、譚杰、田書峰編注：《修身西學今注》，第178—180、188—190頁。

[3] 參見《聖經·路加福音》十一11—13和《聖經·瑪竇福音》七9—11。

僕婢朝暮拮据，視之不若牛馬，何也？古言曰："豢畜者減其食，必減其力，并減己之業也。豢畜失宜，未致尤怨，無大害；婢役失養，所損多矣。"人之股足卑下，負體之重，故厚承血氣之豐澤，以補朝夕所消之力也。[1] 僕役雖亦卑下，然當百務之煩，非養之厚，何以存力應事乎？古言曰："髀虛必致體覆，役餒必致室傾，是也。"

《聖經》讚賢婦曰："賢婦早起，即備婢役一日之需，後委以所務之業也。"[2] 旨哉！仁義之師，哀矜之長，嘗云："凡遇他人饑渴者，食之飲之，裸者衣之，病患者顧之、振之，仁義之情也。"[3] 至室內之役，可不令之飽暖乎？以故保祿聖人曰："主人不顧僕婢之養，又出諸无道之徒下矣。"[4] 无道之徒未明仁義，且以公情厚恤其僕役；曾是知仁義之道，反忘人之公情，慢役而不顧耶？

《聖經》訓："凡爲主者，償役之值勿緩。"蓋其人多窮乏，不足自給者也，早償之，即早受賜，否則呼天伸怨，天上主將哀其兇而咎爾矣。篤瑪所聖人嘗曰："呼天之罪有四，負役之工居一焉。"[5]

---

[1] 這種觀念似乎來源於中醫。
[2] 參見《聖經·箴言》三十一 15："天還未明，她已起身，爲給家人分配食物，給婢女們分派家務。"
[3] 參見《聖經·瑪竇福音》二十五 31—46。
[4] 參見《聖經·厄弗所書》六 9："至於你們作主人的，要同樣對待奴僕，戒用恐嚇，因爲你們知道，他們和你們在天上同有一個主，而且他是不看情面的。"
[5] 高一志將其歸於阿奎那，似乎並不正確。這一說法最早見於聖多明我的學生、多明我會士匈牙利的保羅（Paul of Hungary, ?—1241）。在其身後出版的著作《懺悔大全》(*Summa de poenitentia*, 1242) 中，他認爲，根據《聖經》，有四種罪的報應來自天主（*quattuor peccata clamantia ad Caelum*），即其罪並不由人懲罰，而是由天主懲罰。這四種罪是雞姦、謀殺、欺壓寡婦和拒付工人工資（*debitae mercedis denegatio* 或 *merces operariorum defraudata*）。這一觀念後來被收入教理本，有時將謀殺列於雞姦之前。"呼天之罪"可能會讓人想到《論語》"獲罪於天"之說。

上古一將，侵伐敵國，中途役病，棄而不顧。敵將來追，逢病役，恤治之，役感復活圖報焉，因暴前主之短，導敵成功。嗟嗟！一棄一收，恩讎速報，人亦何可忽于僕哉？

役之教第七章

金口聖人曰："主于諸役，宜育其身，誨其神，二者缺一不可。"[1] 然育身猶不若誨神之要，神尊爲身主故也。但欲誨必先育。諺曰："空腹不喜聽言。"[2] 未獲育而服主命、受主教者，未之有也。既育矣，誨不宜緩。蓋僕婢性多鈍，于義規未習，于倫序未辨，于禮訓未洽，于世務未經，初登主門，如孺子方免提抱，即入小學，凡所見聞，無不驚訝顛躓，失進退之規者。孺子無師指引，役婢无主教論，俱不能進成厥功也。或訴于賢者，怒其役之不慧，賢者答曰："是非役之罪，主之罪也。"童子之業不成，師乏善教，非童子不善學也。

禽之愚，獸之猛，以教改性，習人言人事，況人乎？不教役而欲其練習諸事，猶欲禽獸不習而自學人言人事也。造作者先造器，未有器自生成者也。僕役者，古所謂活器也，非家主琢磨之，安能成器耶？[3] 顧教以言，不若教以身。蓋上行下效，主倡役和，

---

[1] 應指金口聖若望 John Chrysostom（347—407），諺語出處未知。
[2] Plutarch, *Lives, The Life of Cato the Elder*, 6.1: "It is a hard matter, my fellow citizens, to argue with the belly, since it has no ears."
[3] "活器"之說可能來自亞里士多德的如下觀念：奴隸"在生活行爲上被當做一件工具，這種工具是和其所有者可以分離的"。參見亞里士多德著，吳壽彭譯：《政治學》，I.4, 1254a15, 第 13 頁。

理之常，人之情也。言教弱而緩，身教切而速，所令反好，役之從者少矣。西詩云："爾欲人哭，須爾先哭；爾欲人咲，須爾先咲。"規矩用以爲方圓，不方不圓者，規矩之弊也。規矩之弊，造者之弊也。工不巧，所造之器必舛。器舛而所作之物復舛，奚異哉？役婢者，家之器也，家之敗，婢役蠱之也。婢役之蠱，家主之不善教，不善用致之，尚誰咎哉？

役之擇第八章

亞理斯多，理學之師也，嘗曰："善齊家之主，于家之役，先謹于擇，後勤于教，斯无不治者矣。"[1] 智農擇地而耕，懼棄嘉種也。役婢性多鹵，或邪僻，或怠惰，非謹擇之，害可勝言哉？古賢訓曰："忠僕如至寶，當不惜多金購之；既購，殫力以教之；既教，愛養以存之。否則，古稱爾室所畜役婢之多寡，即爾室所畜盜賊之多寡矣。"擇之時，探其隱情，勿惑于貌；察其前迹，勿信其言。蓋邪者彌醜于內，彌餙于外，以欺人目也。探役之情，與智而奸，寧愚而直。愚者教可智，奸者教難直也。[2]

---

[1] Pseudo Aristotle, *Economics* I. 5, 1344a 25; trans. E. R. Foster, Oxford: Clarendon, 1920: "And since we see that methods of education produce a certain character in the young, it is necessary when one has procured slaves to bring up carefully those to whom the higher duties are to be entrusted."

[2] 色塔拉同樣建議，最好選擇膽怯的，而非聰明而精明的。參見 Ludovico Settala, *De ratione familiae*, IV. 13, p. 220. 晚明士人關於擇僕有類似的觀念："凡僮僕以朴直謹愿無欺詐者爲上，多能營干者次之，其他巧黠虛慌、或轉展鬻身、或公門隸卒，切不可收。"（蘇弘祖：《經世名言》，載《四庫全書存目叢書》，齊魯書社 1995 年版，子部第 154 册，第 766 頁）

古俗擇役，取少不取壯。壯者染邪久，難改圖；幼者未染，即染未深，易治也。譬之樹木，愈老愈難移，穉易移，且多茂盛矣。禽獸之中，幼者易習人言與人務，老者弗能也。西詩云："土器初承之液，至終必存其氣。"幼役初來，領善教，易從主指，易習正規；壯者聞教，雖勉從之，然須除舊習，始可加新功也。

擇可教者，教以正道，使不昧萬物根本，及死生樞機。蓋人不知正源者[1]，必溺于邪流，不敬上主。夫不敬上主，安能敬下主耶？又凡不知生死之主，及生死之機者，則善惡異道，不能分別。善无繇進，惡无繇改，外雖若懼，內實无忌也。既无所忌，亦无所望，則无惡不濟，无善不弃矣。蓋徒知忌主之目；主不見，無不從性之偏者。[2] 惟真知天上有主，明鑑其私且權其生死，而報償至公，將內外上下必有所忌，以禁其念之侈，亦有所望，以奮其心之善矣。主人盡力啓役之矇，而迪以正道，必將實益于其家也。蓋役實畏上主而忠事之，未有不忠于家主，因順于命，直于心，懇于情，信于言，勤于業，潔于迹，簡于用，內外溫和，順逆如一。蓋諸功乃正道之力所致也，若役之迷于異端邪說者反是。《聖經》所云："惡樹之果無不惡，善樹之果無不善。"[3] 豈有邪道而生正功者邪？[4]

---

[1] "正源"即"真源"，意大利耶穌會士艾儒略有名爲《萬物真源》（1628）的著作。

[2] 儒家有"正偏之性"之說，這一卷開頭的注釋已提及。

[3] 參見《聖經·瑪竇福音》七 16—17："凡是好樹都結好果子，而壞樹都結壞果子；好樹不能結壞果子，壞樹也不能結好果子。"

[4] 在歐洲，信猶太教、伊斯蘭教和信其他教的僕人與其天主教主人信仰並不相同。在印度、南美洲和菲律賓，耶穌會傳教士經常抱怨，西班牙和葡萄牙殖民者並未致力於皈依本地民衆並使其實踐天主教信仰，特別是在週日和齋日。在中國，傳教士當然希望，如絳州韓式家族之類皈依天主教的中國文人，能夠鼓勵其僕人皈依基督教。在此，高一志並未表明，主人和僕人是基督內的兄弟。

役之懲第九章[1]

先知之訓曰："役教有二端，或導善，或懲惡。二者缺一不可。"蓋役婢性情，愚者不必言矣，即有美而習善者，然至應務之際，或眩惑不決，或進退無主，未免多謬誤也。矧人心無恒，難守所操之正節，非定罰以警之，恐一恣即難止矣。西詩云："病治始萌易愈，久則難瘳也。"[2] 故主之明者，日巡役之室，如官之巡行要地，朝暮觀察，以杜他端，救所當救之獎也。《聖經》云："畜驢者必喂之，任之，笞之，三者缺一不可。"聖人註曰："治役者之善喻也。豐育，任使，督責，三者可缺一耶？"[3] 豐育不任使，使其肥壯習閒，將致抗主招害；任使不督責，終无不生怠玩，開弊端矣。[4] 諺曰："役生時，則笞役之具，亦與俱生矣。"蓋謂役與笞，如形影不相離也。<u>伯爾納多</u>聖人嘗曰："以善使役，獲其愛而從命者，首功也。不獲其愛，則使其畏而從命者，次功

---

[1] 在第四章論及"主之慈"之後，這一章和下一章則討論懲罰及其方法。與本書類似，明代中國家訓的馭僕之術亦強調對僕役應恩威並用。如張習禮指出："奴婢不可克其衣食，然家法須極嚴。食足然後可致法，法行然後知恩。不用命者，懲戒不悛，寧減價轉鬻之；樸實者令其相依而事也。"（張習禮：《家訓》，載王晫、張潮編，《檀幾叢書》，第 87 頁）亦參見王雪萍：《明清家訓中馭婢言論的歷史解讀》。
[2] 諺語出處不詳。中國有類似的"防微杜漸"之說。
[3] 這兩處引用來自《聖經・德訓篇》同一段落，參見《聖經・德訓篇》三十三 25："草料、棍杖、馱重，是屬於驢的；麵包、訓戒、勞作，是屬於僕人的。"
[4] 亞里士多德認爲勞作、食物和懲罰三者應相互平衡，過多的食物和過少的勞作與懲罰會使得奴隸懶惰，但是過多的勞作與懲罰和過少的食物會使得奴隸虛弱。參見 Pseudo Aristotle, *Economics* I. 5, 1344a 35。色塔拉在其《家庭原則》IV. 9 中將《聖經・德訓篇》與亞里士多德的《家政學》相關聯。

也。"[1] 物之總主以是治世，國之明主以是治臣，家之善主不以是治役乎？蓋役而无過者，難得也；有過而主不知，不明也；知之而不致罰，主之不仁不義，役之不幸也。主有此役，無不破家，役以此事主，亦無不喪心隕命者也。巴西略聖人曰："爾役之體，倘染于疾，則治之；爾役之心，染于惡，而不顧不治耶？"[2] 奧悟斯丁聖人曰："責其役之惡，正仁者事，置之而不責，是忍其陷溺，不仁之甚矣。"[3] 金口聖人曰："鄰有逸畜，見者收還其主，爾役失道流于邪，而不之顧，視爾役不如鄰畜矣。"[4] 古聖嘆世之不明者曰："嗚呼！失小畜者遍求之，貴重于畜者，失不及知，知不及覓，何哉？"諸畜之失，損爾資，未損爾躬、爾室焉；役婢之失，非止資損，併主名、主躬、主室亡矣。故奧悟斯丁聖人曰："爾役之愆不爲大，惟爾不及責之愆爲大也。爾役之罪所損輕，惟爾不責，所損更重也。"[5] 歷觀巨室傾覆者，概繇于役之不肖，而主不知責，豈獨不仁于役已耶？是役之罪，非急治之，若瘟疾酖毒，沿染弗止，必至毒衆，甚至招天主之僇，可不慎哉！

---

[1] Saint Bernard of Clairvaux, *Sermo* 41, Migne, Patrologia Latina, Paris: Migne, 1854, vol. 183, p. 659A: "An tu ibi putas obedientiae fructum, cum subditus audit obedientiam, quam multis expetierat votis, cum ei praecipitur quod redoleat dignitatem, gaudio et laetitia fluitet, potentiae fulciatur imagine?"

[2] Saint Basil of Caesarea: "Letter XLVI", in Basil, *Letters and Select Works*, ed. Philip Schaff, Nicene and Post Nicene Fathers 2, Grand Rapids: Christian Classics Ethereal Library, 1899, p. 454: "The great Physician of souls, Who is the ready liberator, not of you alone, but of all who are enslaved by sin, is ready to heal your sickness."

[3] 應指 Saint Augustine，諺語出處未知。

[4] 應指 Saint John Chrysostom，諺語出處未知。

[5] 應指 Saint Augustine，諺語出處未知。

懲之法第十章

役固宜懲，懲之法將如何？古箴曰："責役有三戒，心之怒，言之厲，刑之濫也。"然戒心爲首。蓋心動怒時，不能自主，言將妄發，刑將濫加矣。罷辣多大賢將笞一役，覺怒萌，姑貸之曰："怒止必笞汝。"[1]

至若言之厲者，適足污己口，刺衆耳，辱役身，不及治役失，不若和言之易入而利病也。驟雨聲勢猛，益物微，反有衝決傷敗之害；甘雨聲微益大，浸漬長養之，無已矣。故保祿聖人諭爲主者曰："勿震爾役，致失厥志。"[2]《聖經》又云："爾勿吼室中如獅，煩擾爾屬，慢虐爾役也。"

倘心平言和矣，惟刑之濫，亦虐主，非仁主矣。責撒耳古爲西國智王，其大臣怒僕損玻璃器，投諸池以飼魚，王聞，亟責之曰："爾視人命如是輕，器如是重耶？吾耳猶不堪聞，爾目寧忍睹耶？"故不仁之主，責役之刑過濫，是自陷于大惡也。[3]或以役婢不奉命爲己辱，過于刑，是自加其辱也。蓋役雖有過，刑之當，

---

[1] 這一故事原本如下："One day, when Xenocrates had come in, Plato asked him to chastise his slave, since he was unable to do it himself because he was in a passion." 出自 Diogenes Laertius, *Lives of Eminent Philosophers, Plato*, 38. 此處的不同之處在於，將激情（passion）改爲憤怒，並略去了另一個角色。

[2] 參見《聖經·厄弗所書》六 9："至於你們作主人的，要同樣對待奴僕，戒用恐嚇，因爲你們知道，他們和你們在天上同有一個主，而且他是不看情面的。"

[3] 責撒耳指羅馬皇帝 Caesar August。參見高一志《達道紀言》："大臣宴責撒王，僕損玻璃器，主怒，投以飼魚。王聞，命全僕命而責臣曰：'視一人命如是輕，器如是重乎？吾耳猶不堪聞，爾目寧忍坐視之？'因命毀器塞池以杜後端。"（Sher-shiueh Li and Thierry Meynard, *Jesuit Chreia in Late Ming China*, p. 208）

必能伏罪而圖改，倘無故疑之，無據誣之，繼之以刑，刑又無度，惟求泄怒，則役雖欲懷忠效力，其道無繇也，更不獲已，至亡去，或自殺，甚至有弒主伸怨而復讎者，可不戒哉！凡責役與過，寧不及，法物主之仁，償人功，未嘗不罰人罪，時時臨汝、監汝，然恆恕之、緩之，以待汝悛，或乘機振警之，不急罰治，傷愛人之度也。役始犯時，遽刑不若緩治，發其良心，猶可改圖也。主之仁智者，非惟謹治其前，且必杜萌于後。凡邪惡事無孤行者，一犯不懲，次犯即起，一惡既立，衆惡相牽，以環承環，漸結成鍊，縈係心神，致終身難脫矣。故欲免惡流衝突其室，敗其族屬也，必須防之于初倪，否則役所犯之惡，終必歸于不禁之主矣。戒之，戒之！

役之職第十一章

人初入世，如軍士入伍，不能自定所位、自擇所從，惟從主帥命，安分盡職而已。役婢或以族類，或爲勢逼世變，皆當安厥分焉。一人身兼多體，或尊或卑，主役之勢不齊，然宜相和，各守其分，執其規，急其務，盡其忠焉。[1] 故爲人役，以安心守分爲

---

[1] 在《天主實義》中，利瑪竇陳述了古希臘斯多葛派愛比克泰德（Epictetus）在《手冊》（*Encheiridion*）的類似比喻："吾聞師之喻曰：人生世間，如俳優在戲場，所爲俗業，如搬演雜劇。諸帝王、宰官、士人、奴隸、後妃、婢媵，皆一時妝飾之耳。則其所衣衣，非其衣；所逢利害，不及其躬。搬演既畢，鮮去妝飾，漫然不復相關。故俳優不以分位高卑長短爲憂喜，惟扮所承脚色。雖丐子亦真切爲之，以中主人之意耳已。蓋分位在他，充位在我。"參見利瑪竇著，梅謙立注，譚杰校勘：《天主實義今注》，商務印書館2014年版，第168頁。

首功也。夫處役雖冒苦辱，亦可立志爲賢聖。西土上古大賢若瑟者，見妒被鬻，爲奴外方，守正習道，忍苦不改其節，卒成大器，功德滿于中外。[1] 夫誠德之修，賢聖之成，不係位之貴賤、事之順逆、勢之尊卑，惟賴志意之誠，天主佑輔之功而已。況苦辱較順美更益神修，何必越分圖自主也？既安分，更思盡分，如身之百體，各有所司，各以時運，無相礙阻，而各致其功焉。夫身之各體，目視、耳聽似逸，手持、足行似勞，然各體恒急于職，從靈神命，未嘗妒逸辭勞。則善役者當任事時，亦宜惟主命是趨，不怠不忽，以期成功。雖值苦難，操節效力，不敢中悔而止也。葆祿聖人陳各品之訓，兹述其箴役者凡六端。[2]

　　一曰，忠家主如忠天主。[3] 蓋主役之義，與治人之權，原上主所命也；則凡逆主命，即逆天主命矣。[4] 故聖人合役于聽命時，勿視人主形貌，止視上主神旨；勿獨悅主人目，中主人意，併悅上主心，中上主意，建不朽之勛焉。否則役功雖大實微，與肉身并殞，無報于後矣。則凡忠而役主，如役于上主者，其役非賤役也，至尊至大之業也。厥功非世財所足償，惟天上真福可以報之。

---

[1] 此處所述乃《聖經·創世紀》第三十七至四十五章亞伯拉罕的曾孫若瑟（Joseph）的故事。因同父異母的哥哥們的嫉恨，若瑟被構陷並被販賣爲奴。因其解夢能力和行事正直，出獄後升任埃及的高級長官。

[2] 現存記載並不見聖保祿有此章以下部分的六種系統性"箴役"之說。雖然阿奎那的《厄弗所書評注》（*Super ad Ephesios*）沒有這六條分類，這一章接下來的注釋表明，《齊家西學》明顯受到其影響。

[3] 參見《聖經·厄弗所書》六 5："你們作奴僕的，要戰戰兢兢，以誠實的心，聽從你們肉身的主人，如同聽從基督一樣。"

[4] Aquinas, *Commentary on Saint Paul's Epistle to Ephesians*, trans. Joseph Kenny O. P, Albany, N.Y.: Magi Books, 1966: "For he instructs them to obey as by a command of the Lord. Hence he states, Servants, be obedient to your lords according to the flesh."

二曰，內外誠敬。[1] 有內無外謂之瀆，有外無內謂之僞。外盡禮爲義，內盡忠爲仁。內外相接，仁義相偶，役之道全矣。多瑪所聖人釋經語，復譬曰："善僕事主，如人子事親，外禮內敬兼之。"[2] 又曰："役敬主之誠，必驗以心之謙、言之順、動之儀也。動而失儀，言而失和，証其心之不謙矣。"[3] 故心、言、動，缺一不可。

三曰，善事主者，无所不致其忠。[4] 意正，言實，絕諂媚之詭迹。一覺主意，不待施命，自趨其務。務未成，命息不息；務成，有功不功。凡事圖主利而已，以主利爲己利，不及于內顧之私者，忠役之義也。[5]

四曰，不從亂命。主命非正，寧死不從；義理至尊，君公之權不敵也。時或主命與官命、君命及義禮之命不能併全，則寧從義禮[6]之命，諸凡命有違義者，辭之。[7] 西國古有善僕，勤于主業，

---

[1] 參見《聖經·厄弗所書》六6："不要只在人眼前服事，好像單討人的喜歡，而要像基督的僕人，從心裏遵行天主的旨意。"

[2] 與上文"篤瑪所"一樣，此處的"多瑪所"指阿奎那。關於"外禮"和"內敬"之說，可參考《修身西學》中的"欽崇"之德，參見高一志著，梅謙立、譚杰、田書峰編注：《修身西學今注》，第273頁。

[3] Aquinas, *Commentary on Saint Paul's Epistle to Ephesians*: "Doing the will of God, by carrying his commands into action... You should act with a good will, that is, with the right intention."

[4] 參見《聖經·弟鐸書》二9—10："教訓奴隸在一切事上要服從自己的主人，常叫他們喜悅，不要抗辯，不要竊取，惟要事事表示自己實在忠信，好使我們的救主天主的聖道，在一切事上獲得光榮。"

[5] Aquinas, *Commentary on Saint Paul's Epistle to Ephesians*: "In this way is Christ to be served; thus he says as to Christ. 'Seek him in simplicity of heart' (Wis. 1: 1); 'O Lord God, I also in the simplicity of my heart have joyfully offered all these things' (1 Par. 29: 17)."

[6] 關於"義禮"的概念，參見高一志著，梅謙立、譚杰、田書峰編注：《修身西學今注》，第143—144頁。

[7] Aquinas, *Commentary on Saint Paul's Epistle to Ephesians*: "He also mentions as to Christ since whatever power a master has comes from Christ the Lord. 'Therefore, he who resists the power resists the ordinance of God' (Rom. 13: 2). They must be served as Christ is in whatever is not contrary to faith nor contrary to Christ himself."

主囑以不正之務，僕明告曰："僕來投主，欲勉善盡忠也。主命不正，恐溺僕于邪，僕之忠无繇立矣。改命乎，逐僕乎，請擇于斯二者。"主聞言大悟，嘆羨不已，加寵焉。若邪正未甚明辨，從主命，不可恃私智也。蓋凡遇疑難之事，與信己之私識，寧信人之高識也，況役乎？

五曰，善役者，非止善事賢主，併盡忠于闇主也。蓋命權係大主，人代宣之耳。命既正，不論施自何人，必當順從不違矣。伯多祿聖人諭役曰："爾主雖不肖，爾必忠，驗爾之誠。"[1] 蓋忠于賢主，事易而功小；忠于不肖之主，忍訴甘虐，不怨不報，迄終不衰，乃忠之至者，獲天上之厚報矣。蓋天主至公無私，叛逆者君公必罰，忠順者奴僕必福，臧獲何足以限人哉！

六曰，勤事。善役者于家務，无時不拮据焉。蓋主之取役，取其使之如活器，非取其藏之如寶器也。[2] 役之投主，亦豈徒以坐玩哉，以趨命也。家務雖有作息二限，乃勤者于息時，猶不忍息，況敢荒于嬉乎？獲役如此，猶无價之寶也，謹守之，厚育之不暇，況敢虐之乎？

終。

---

[1] 參見《聖經‧厄弗所書》六 6："不要只在人眼前服事，好像單討人的喜歡，而要像基督的僕人，從心裏遵行天主的旨意。"

[2] 關於"活器"，參見本卷上文相關注釋。

齊家西學卷之五

極西　高一志　譔
虞城　楊天精
河東　段　袞
　　　陳所性
　　　韓　霖　校

齊產業

家之齊，繇人及物。人學析矣，次陳產業，其屬二：一係內，資財也；一係外，農務也。

資財第一章

資財于家，猶身之有脉絡也。[1]故從古論齊家者，必重乎生積焉。其道有四，義、誠、勤、儉，謂之四得；反義爲貪，反誠爲

---

[1] 關於家產與人身的比喻來自以下段落："Ut enim nervi, tendines & alia corporis humani organa, & partes a capite motum, sensum & influentiam habent; sic partes & instrumenta domus a patre familias tanquam a capite, & exemplari tam vitam, quam rationem vivendi petunt."參見 Ludovico Settala, *De ratione familiae*, p. 238。

詐，反勤爲怠，反儉爲侈，謂之四失。[1] 有四得，無四失，資財不生積者，無有也。有四失，無四得，資財能生積者，亦無有也。

古賢哲復以智、謹爲治財治產之二翼焉。蓋有財無智，如奔馬無御勒，可御乎？匪直難御，且害主身矣。又曰："財入愚者之室，如刃入狂者之手，苟不逮身者鮮矣。"古賢見一愚而富者，目爲羢羊。羊，蠢畜也，羢非已有，益人而已；愚者有厚資，終不能享，與羢羊何異乎？或擇婿，與富而愚，寧貧而智。蓋以富而愚，終必貧；智雖貧，終必富也。既智矣，非濟以謹不可。凡物以是生者，亦以是存，財以勞謹生，亦以勞謹存也。古言曰："財之母，勞也；財之父，時也。聚之甚難，而散之甚易。"[2] 故智且謹者，必有積與用之正規焉。

凡資產有宜托妻者，有宜托役者，有宜自任者。蓋室務繁瑣，智力有窮，非分任之，將不勝勞。然雖分任，又不可不時察之也。或問賢者："何法可使馬壯？"答曰："主時視之。"問："何術可使田茂？"答曰："主時履之。"蓋主不勤，可望僕勤乎？夫上勤而下惰者有之矣，上惰而下勤，未之有也。古齊家之法，謂主先寤後寐。蓋家務以主命始，亦以主命終耳。或問："其鄰何繇富？"答曰："不細較一日之益，不寐也。"

至一室終歲之需，必預徵貴賤，而以時畜聚之，勿待時迫，然後求之。或問一人："先貧後富，何以致之？"答曰："買賣及時，需用有序，計物之良楛，料時之貴賤，權已之出入而斟酌

---

[1] "義、誠、勤、儉"四原則的歸納明顯受到中國南宋以後傳統社會思潮的影響，仕宦家庭中流行的家訓文化將勤儉視作家庭治生的核心和關鍵。

[2] Juan Eusebio Nieremberg S. J., *De arte voluntatis*, Paris, 1639, p. 175: "Bernardus Sylvestris: Rarò diligentiam cum infortunio sociabis. Diligentia, mater fortunae in pluribus fuit."

之。"日用器物，俗尚華，不惜破產以營之。智者量力，備其有益者而已。供客貴整潔，私用惟樸素。諸器有籍，時爲稽察。一免失遺，一便取用也。其或造屋，勿圖觀美，但取實用堅固而已。人有男女、主客、尊卑之異位，須得分別之法；物有貴賤、乾濕、寒暑、明暗之異勢，必合其物性之宜焉。[1]

農務第二章

農業非人智所生、人學所致，乃造物主所命也。開闢時，天主肇造初人，命司名區。百穀自生自成，不勞而受豐穡焉。既犯命，乃令拮据地產，然後得食，自是子姓繼業，萬載弗易也。[2] 後世逐末者多，厭古棄本，不知農業國家之筋骨，筋骨散，國家敗亡矣。

古有王曰比德者，國中有礦，盡發其民掘之。厥后賢而智欲悟王，俟其飢，取金造美味之形以獻。王初喜其異巧，然飢方需食，后復以金進。王怪，問故，后曰："王命民掘礦廢棄農業，倉廩空虛，庫但有金耳，王何不以療飢耶？"王大悟，即命撤礦夫之半治農焉。禮固爾峨古大賢，平分界内地，令勤治之，一免妒害之端，一避閒暇之害，且以豐國中之各室，而寧其婦子也。[3] 西

---

[1] 此句反映了當時知識階層的等級秩序觀念。
[2] 《聖經·創世紀》三 23："上主天主遂把他趕出伊甸樂園，叫他耕種他所由出的土地。"
[3] 此典故參見 Plutarch, *Moralia, Sayings of the Spartans*, III, 355: "He made a redistribution of the land, and assigned an equal share to all the citizens; and it is said that a while later, on returning from abroad, as he passed through the country, where the harvesting had just been finished, and saw the cocks of grain standing near together in even lines, he was much pleased, and said with a smile to those who were with him that it looked as if all the Spartan land belonged to many brothers who had recently divided it."

名哲外遊，值一邑土地闢，嘆曰："有道之邑也！外治，內無有不治者矣。"古賢欲表農業之益，畫美婦乘牛，手握巨桶，滿盛諸穀果。牛行，婦手撒穀，隨到隨富，意以美婦，農業也；牛，農所畜以稼穡者也；滿桶者，農所致之豐盈也。農治所至，未有不富者也。西都有司，專察民田，值不勤者懲不貸。[1] 蓋志于國治家政者，無不謹農業者也。

況農治非止益家國，甚益身心。蓋業農者質純忠朴，不謟不淫，無妒無恨，不誹不殘，不貪名，不矜志，一切非公非義之心，農業無與也。[2] 故聖賢志精修者，多力田自養，堅操修之志焉。又觀古今碩德，多從農起，卒乃網紀國家，澤及生民。西國往有名士故略，隱迹治田，國偶多故，衆推立之使執政。故略不得已從之，功成身退，仍甘原業。鄰國聞其賢，餽以黃金。故略以自種之蔬予來使曰："吾所需者寡，兩手足備之，多金何爲？"謝不受。[3] 伯

---

[1] 古羅馬農業發達，政府重視農業生產。根據老普林尼的記載：那些對田地疏於耕耘的公民常常會受到檢察官的指責。

[2] 加圖《農業志》開篇即有"（農民的）利益來的最清廉、最穩妥，最不爲人所疾視，從事這種職業的人，絕不心懷惡念"的觀點。中國古代也有此類傳統，如《呂氏春秋·上農》："古先聖王之所以導其民者，先務於農。民農非徒爲地利也，貴其志也。民農則樸，樸則易用，易用則邊境安，主位尊。民農則重，重則少私義，少私義則公法立，力專一"，而明代徐光啓的《農政全書》也以"農本"開篇。參見加圖著，馬香雪、王閣森譯：《農業志》，第 2 頁；高誘注，畢沅校，徐小蠻標點：《呂氏春秋》，上海古籍出版社 2014 年版，第 611 頁；徐光啓撰，石聲漢點校：《農政全書》。

[3] 故略指公元前三世紀羅馬政治家蓋烏斯·法布里修斯·盧西努斯（Caius Fabricius Luscinus）。參見 Cornelius Gellius, *Attic Nights*, trans. J. C. Rolfe, Loeb Classical Library edition, Cambridge: Harvard University Press, 1927, revised edition 1946, I. 15, p. 72: "Julius Hyginus, in the sixth book of his work *On the Lives and Deeds of Famous Men*, says that a deputation from the Samnites came to Gaius Fabricius, the Roman general, and after mentioning his many important acts of kindness and generosity to the Samnites since peace was restored, offered him a present of a large sum of money, begging that he would accept and use it. And they said that they did this because they saw that his house and mode of

爾西亞國有農家以巨榴獻王，王奇之，賜以牛具，使治大邑，曰：
"能致榴若是大，必能致邑大也。"[1] 曆山古明王，帥師數萬，征服
敵國，聞中有隱士力田，托之國政。辭曰："臣所需甚眇，小業
即足備之，悠然樂也，王令治國，恐妨前樂，奈何？" 王聞大喜，
更增寵秩焉。近古西有總王，老而倦勤，隱于僻地，灌園爲樂。[2]
大臣求復朝政，王執臣手入園，指所闢之區，與所藝蔬果，曰：
"此我所治，當取而享之，可弃此樂，復投冗苦耶？" 中古或問土
神國中誰智，答曰彌肅；復問誰福，答曰亞額老。二人皆農而隱
者也。則凡有志家齊者，宜加意以謹其事矣。[3]

擇田第三章

凡治田，首須論地，兼氣清、力厚二者。厚而不清，獲雖豐

（接上頁）life were far from magnificent, and that he was not so well provided for as his high rank demanded. Thereupon Fabricius passed his open hands from his ears to his eyes, then down to his nose, his mouth, his throat, and finally to the lower part of his belly; then he replied to the envoys: 'So long as I can restrain and control all those members which I have touched, I shall never lack anything; therefore I cannot accept money, for which I have no use, from those who, I am sure, do have use for it.'"

[1] 伯爾西亞即波斯（Persia），波斯人喜愛石榴所含多子豐饒之意，所崇拜的安娜希塔女神（Anahita）即手執石榴象徵豐收。同時參見 Sher-shiueh Li and Thierry Meynard, *Jesuit Chreia in Late Ming China: Two Studies with an Annotated Translation of Alfonso Vagnone's Illustrations of the Grand Dao*, p. 225。

[2] 也許指示文藝復興時期國王對花園及休閑生活（otium）的追求。

[3] Richard Younge, *A Christian Library*, London, 1655, p. 53: "And when King Agis requested the Oracle of Apollo to tell him, who was the happiest man in the world? expecting to hear himself nominated: the answer was Aglaion, who was a poor Gardiner in Arcadia, that at sixty years of age, had never gone from home, but kept himself and his family with their labour, in a fruitful plot or garden, as Livius relates."

而人多病；清而不厚，力雖勤而穡不豐；兼則稱完美焉。次不欲近江河，恐值泛漲漂没，不可保也。惟近泉溪湖池，則多益焉，施灌溉一，備飲啜二，供庖厨三，便澣濯四，節燥爇五，修魚梁六，便穀粟及諸甕之運七，滋澤溥博，正如時雨也。又須避惡鄰，侵奪起訟，結怨妨業，古所謂與親惡鄰，寧親虎狼是也。又不欲遠，難于巡行，不經主目，必不能茂盛也。

夫欲識地之善者，有實驗可憑察焉。凡地未經甕治，叢發美草多種者善。掘坑取土，復以故土填坑，有餘者善。取撮土，水調指撚，易化而黏者善。又投地不散者善，土色首黑，次黄，掘地闊深數尺，不值沙石硝礬之類者善。取土浸甘水中，嘗其味不鹹苦者善。[1]又不欲散，難于經理，不愛山坡，勢高恒風，易枯難澤，雖加以甕與美種，遇風雨易去也，故卑且平之地善。又不欲多，難治易荒。又善擇地者，取東南，蓋陽生陰殺，非得陽之初氣、中氣難生，即生，亦難盛長也。[2]

擇農第四章

地既擇矣，須農人治之。地善農不善，如佳筆入鈍手，良馬遇拙御也。農有二，一恒業農，統任一庄之務；一賃佃農，無定業

---

[1] 此幾種擇田方法在《農業全書》（Geoponika，約10世紀）中多有體現，而袁黃的《寶坻勸農書》中涉及辨土時，仍以土色作爲辨土的主要依據。參見 Owen trans., *Agricultural Pursuits (Geoponika)*, pp. 54-57；袁黃撰，鄭守森等校注：《寶坻勸農書》，第4—5頁。

[2] 本卷最大的特色在於巧妙運用中國傳統自然觀中的陰陽理論解釋西方農學知識，此處即是一例。

定主也。擇恒業農法，不欲富，不欲貧。富者怠而自便，不爲主計，即勤，亦惟勤其私而已。貧者無力無志，工必缺，況恒有所求，縱勤，而所營不償所負，人日窮乏，業日荒蕪耳。次察性情，考行迹。[1] 名不潔，性不良，恣酒色，喜負債，失他主之信，雖勤，不利于主，不可用也。蓋不忠舊主，胡能忠新主，生平污己害人，胡能一旦改而善乎？幸值善者厚待之，親歷其田，審其業，啓不明，給不足，補所缺，償所勞，厚遇之，農必忠以報之矣。

欲農不失信誤業，法莫善于主先之。主不公不慈，何望農之信且忠也？愚主恐失小利，反失善農，用舍无恒，優恤无法，農心不服，地治荒矣。貪主損農自益，或不待農隙，羈以私務，致誤正業，獲一失十矣。

暫雇農者，覓有力與性敏者，厚其工值，時其飲食，節其勞逸，恤其窮苦，如是則不待督迫，自敏于事矣。此外，廣建田舍，舍農及畜，或藏禾稼，貯農器；次覓小區，修菜圃，備日需；又次掘井穿池，育鱗蟲，飲諸畜焉。[2]

---

[1] 此處強調了鑒別雇農品行能力的重要性，並主張地主改善和維護與佃農的關係，充分反映了明末農業經濟生產關係的變化。參見曾雄生：《試論中國傳統農學理論中的"人"》，載《自然科學史研究》2001 年第 1 期。

[2] Florentinus, Concerning the husbandman, in *Geoponika (Agricultural pursuits)* II. 44, 1806, vol. 1, p. 90: "The person who is entrusted with the care of the farm must be an example to all the workmen, that looking up to him, and to his life and morals, they may rather respect than fear him. Let him be honest, hospitable, abstaining as much as possible from wine, for the drinking of too much wine brings on forgetfulness; let him not be too covetous, nor insatiable with respect to usury, but contented with what is moderate, and always supplying the persons that want them with such things as are necessary; vigilant, and apt to get up before the rest of the family; careful not to lie, and particularly so not to swear to what is false; pious, attentive to the customary rites…"

農職第五章

善農之要有十識,一曰地,二曰穀,三曰時,四曰力,五曰利,六曰水,七曰壅,八曰畜,九曰機,十曰議。十識備,斯稱善農矣。[1]

識地者。地之等無筭,即一區之中,色與能力亦不同,故農非真識,弗能隨地蓺之美種也?善教者,先識其徒之才;善御者,先識其馬之力;善渡者,先識其舟之容;農非識地,能治之以盡職乎?大都地品,卑善于高,平善于陂,陽善于陰,黑善于黃,黃善于白與紫,因各區之勢,或木、或穀、或蔬,施所宜種,斯善矣。

識穀者。穀之性,與所宜之地,皆有辨。或宜高、宜下、宜乾、宜濕、宜先、宜後。即一類中亦有鮮老、巨微、強弱、好醜之不同。種者、食者、糶者、藏者,各有攸宜,惟智農知之。[2]

識時者,尤農職之要也。稼穡之功,培植、栽種、移接、壅籽、灌溉,俱有定時。日月會朔有定度,收穫藏蓄有定日,不可易也。一失時,諸務失,一歲之業亂矣。加篤名賢每戒農曰:"勿忽于時。一時之失,并敗後之諸務也。"[3] 愚者值微阻,輒輟工後

---

[1] 善農即成爲優秀農民的標準。瓦羅的《論農業》一書中也對業農者的能力進行了要求,認爲業農者應對水、土、空氣、陽光有所瞭解,並以效用和樂趣爲目標從事農業生産。而中國古代也將業農者置於農業活動的核心,認爲農業"爲之者人也",要求業農者應充分掌握"物宜""時宜""地宜"這三宜的基本原則。參見瓦羅著,王家綏譯:《論農業》,第30—31頁。

[2] 智農,強調知識或智慧的重要,在中國農書中不多見。明代馬一龍《農説》也有類似此説。參見曾雄生:《試論中國傳統農學理論中的"人"》。

[3] 加篤即古羅馬農學家加圖。

委，不知後日亦有定務，安能并力二務乎？古謂惟知諸時之勢者，斯不難富也。

識力者。智農量力受田，地過其力，如加重于畜，能勝任乎？愚者貪多，人工物力，穫不償費也。智者法駱駝，駱駝自卧受任，能起即能負；既起，不容再加矣。

識利者。農務繁，治規不一，時力有限，不能兼成。智農識其費少功多者，審異方之俗，詢異方之士，益智利業焉。近有巧器數種，從遠西來，極益諸業，爲利無窮。

識水者。田雖美，无水以調雨暘，利終薄，故農之智者，備污池，或引泉水溝渠，多方致利焉。不然，有水不能用，或能用而不盡其力，益必微如矣。水多，或不多而勢甚急，足運水車二輪，乃獨立一輪；或水勢足潤百畝，用不得法，僅溉數十畝，水力之半棄矣；或灌溉時，太過不及，無益有害，繇于不識水之力與勢也。

識壅者。壅田之功，于農爲要，善積難，用之得宜更難，蓋籽壅之類不一，地與種所宜之壅又不一，多寡、先後、濕乾、純雜及早遲諸等無筭之情，非智者不及識之。

識畜者。凡欲治農，无牛馬等畜，是猶計造无器，計渡无舟也。畜之類不等，類之中又各不等，或畜之力，時時又不等，育之規，時時處處又不等。先善擇，既擇善育，既育善用，農之智者審之，愚者忽之。

識機者。諸機會奇遇，非常之幸也，無定時定處，非智巧所能圖，或事會時逢，或造物主引使之也。則于農隙，于急務，于種稼，于穡積，于收藏，于鬻市，于栽植，于移接諸務，非計非思，值大爲之機緣，倍益之善端。農之智者，預爲後地，无時不備，得其機而急乘之也。蓋機一逝，不可復追矣。

識議者。農業繁異，時勢恒變，識力有限，難免諸惑，自非好問博議，胡能盡曉？《聖經》云"多議多福"，是也。

治地第六章

凡穀異類，必異性異情，則所宜之地，與地所宜之工，亦無不異也。至各國所尚，亦或不同。茲略述遠西，與中華相參補焉。夫善地既托善農，則先量地情勢，因定所宜之穀、之木。田外築堤，植木棘其上，一以障潦水，一以杜踐踏，一以禦牲畜，一以防盜賊。地勢尚平，平則受播種、承日月、容灌溉，停勻无頗，獲益更多焉。地情愛潔，沙礫草棘，芟夷净盡，不使停污注惡也。

又須畫定區域，及内外阡陌，不使太闊、太長、太窄、太短。種未播，耕貴多、貴深、貴密。耕深者，一以拔草根，二以動頑土，三使穀根深且固，寒暑蟲蝨不至，遇潦水亦易滲下，不致停面淹敗也。故耕深者費力多，所得亦多也。[1] 所宜慎者，耕起之土，或惡于地面之土，則勿翻，與夫燥地之耕，亦不必深。蓋土皮易結，生機難通，遲發遲熟矣。況久藏遲發，或敗于地，或爲蟲食，生者僅半耳。耕時忌甚濕，甚濕則結塊難破；忌甚乾，甚乾則土硬難開，費工損力矣。地欲再四翻之始種。[2]

---

[1] 中國農業自春秋戰國以來崇尚深耕細作，使得種子可以充分吸收來自地下的水分、礦物質與有機質。參見許倬雲：《漢代農業：早期中國農業經濟的形成》，第 4 頁。

[2] 書中提倡在耕種之前對土地進行四次翻耕，相較 13 世紀英國農書《亨萊的田莊管理》中記載三次翻耕的做法更爲進步。參見伊·拉蒙德、W. 坎寧安編，高小斯譯，王翼龍校：《亨萊的田莊管理》，第 50 頁。

次于地中四週,備溝渠瀦池,積雨水之餘以濟旱。次時加壅籽。土力有限,漸漸消弱,如人體常受勤勞,非飲食補之,力不繼矣。[1] 地之澤潤,多得子壅,積壅施壅之詳,另有本論。

播種第七章

百穀播種,有時有法。[2] 麥有二種,早者宜秋,晚者宜春。種欲潔、欲美、欲實。子之強弱繇覩,穀之堅好繇種,古諺曰"爾所稼,必將穑",此之謂也。故智農先擇美實,篩之,洗之,既净且乾,然後播之。腴地種宜寡,瘠地種宜多。[3] 蓋腴地鮮不生,瘠地多不生故也。播時欲匀,雜合糞灰,覆之以杷,禽不得食。蓋播不匀,則得種亦不匀,多則相軋,不得發;少則枉地,不得生。然覆不欲深,深則久埋至朽,或爲蟲食矣。西土多方禦蟲害,未播,先散以灰,或合硝塵[4];種之時,并播白苦荳種[5];初萌及稍長,則力耘之,懼狼莠害佳禾也。故怠于耘者,必致善穀之遲且虛也。

---

[1] 南宋《陳旉農書》中就已認識到施肥對於土壤保持的重要性,並提出"地力常新壯"的理論。參見陳旉撰,萬國鼎校注:《陳旉農書校注》,第 34 頁。

[2] 南宋陳旉就認爲"種蒔之事,各有攸叙。能知時宜,不違先後之序"。參見陳旉撰,萬國鼎校注:《陳旉農書校注》,第 30 頁。

[3] 即土壤肥力與播種密度的關係,東漢崔寔的《四民月令》裏提到:"美田欲稀,薄田欲稠"。參見崔寔撰,石聲漢校注:《四民月令校注》,第 32 頁。

[4] 通過在麥田裏撒灰糞、硝塵來抵禦蟲害,與明代中後期農民往麥田撒草木灰或以砒霜拌麥種的方式相類似。參見宋應星著,潘吉星譯注:《天工開物譯注》,第 23 頁。

[5] 白苦豆可能爲白羽扇豆,學名 Lupinus albus,豆科羽扇豆屬植物,可用作飼料和綠肥,在地中海地區被廣泛栽培。豆科植物根系上着生根瘤,其中的根瘤菌能將空氣中的氮素固定轉化爲有機氮化物,爲植物提供豐富的氮素營養,是一種合適的綠肥作物,而中國早在北魏時期的《齊民要術》裏就認識到豆科植物最適合作爲綠肥。

黍有長莖、短莖二類。短者良，種時在春末夏初，厥地喜易、喜肥、喜頻灌，不忌寒霧風雨，兩月可熟。故五穀之中，惟黍省地力，省人工焉。又一本叢生，有三四十莖者，故立苗欲稀也。種時宜晨暮，不喜日中，種即覆厭之，恐受日氣，土裂種枯，不能復萌矣。故智者旦播，即重覆之，使根深固，即遲發，然積多力，終獲大利也。遇燠時，以黍與諸種同浸一二日後播之，其發速且盛也。諸穀中獨黍喜早耘，蓋性粹體細，根不深，一見草，不舒長矣。他穀性粗體強，耘稍緩，不妨也。然亦不宜太遲，蓋耘之速者，熟亦速，且盛也。粟性熱于黍，種雖同時，地不必甚腴，即高坡沙地，可久敵亢燠。稷于百穀中最粗、最喜濕，耗地力多，貽人益少，智農于地之下者播之，不屑費工，恐奪他穀之力也。[1]

　　蠶豆于豆類中，體大性粗，厚地寒時種之，不論冬前冬後；地薄則孟春將盡日種之，加壅前後皆可。[2] 始生即耘，破其圍土，易長速實。若種望前，多被蟲壞不實。穀中惟此豆不勞地力，更藉壅益之，故種豆之地，次年種麥，无不盛也。豆有多種，大率愛善地。地欲三翻，孟冬、孟春、季春。翻後宜壅，壅後宜播，播後宜覆，播前宜浸；耰不厭再，種不厭稀，自足壅田使腴也。

　　稻各地可種，地磽則加壅溉。[3] 冬前後，翻治既平，依形畫區，內外立壟，開渠備溉。次擇美種，浸一日，播之，引水寸餘，則速生。又孟春種一區為秧，秧出，夏初分插，溉水宜恆流，不使

---

[1] 黍與粟是中國本土兩種重要作物，可能因此將兩者合并敘述。
[2] 蠶豆於漢代才從西亞傳入，並非中國重要的農作物，僅在南方地區或西南部地區有所種植，在中國北方鮮有種植。此處專門論述，可見其西學特徵。
[3] 水稻是中國南方地區最為重要的作物，在水源不足的北方地區分布不多，據清代農書記載，山西種稻很少，僅在太原以南的一些州縣有零星水稻種植，故而作者將其放在最後講述。參見祁寯藻著，高恩廣、胡輔華注釋：《馬首農言注釋》，第77頁。

久注,致朽秧。水不久浸,亦不久缺。秧太盛,稍閉渠,日晞之,消濕之餘,結粒時加灌溉,備或霧或熯之虞也。

種樹[1] 第八章　移接附

　　古云:"有田而買木及薪者羞。"是故種樹爲農業要務。但薪木所資,其有果實者,又以備他穀之缺也。故農之勤者,首察地勢種穀外,地畔路傍,依法植木,不虛寸土以失利也。瘠地則植無實之木,如榆柳等,不損穀類,數年後,材木不乏矣。植在秋末春初前半月,間施鋤治,外開小窩注雨水,每秋末,削其餘枝。結實之木愛高地,東南更善,地與濕寧乾,與腴寧瘠。未種前二三月,先開大穴,以清其脉,植時以稍乾糞,合土之善且碎者,力壓其根,又以小石圍其根,爲久存水與土之原液也。植時層層實築,外開窩,時溉之,歲鋤三次。穉弱則扶之以木,密視而治之,不使内生之蟲、外至之物得害也。栽之時,必前半月者,蓋月主陰,月進氣必盛,屬陰之物亦盛,月退氣衰,屬物亦衰矣。故農植物必俟月進,截物必俟月退也。[2] 反是,樹多死;即活,亦緩長難實。又俟陰雨,免日暴,修治之時宜冬末,不宜始萌吐花時也。月退時,削其餘枝,必近樹幹,從外裹下于内,不令雨露漬心及皮,致朽爛或

---

[1] 種樹在中國古代多是種植樹藝之意,高一志在書中將種樹理解爲狹義的種植樹木。
[2] 根據月亮的盈虧來安排種樹時間的方式非常特殊,未見於中國傳統農書,却經常出現在西方農書中。如《論農業》中的第三十七章就談到"農莊上的某些活兒,在月盈時做較之月虧時做要好一些,反之,另一些事情,比如割穀和伐木,情形剛好相反"。《農業全書》中也曾多次提到月亮的圓缺升落對於農事活動安排的重要性。參見瓦羅著,王家綬譯:《論農業》,第88頁。

生虫也。治時又欲遍除舊葉，不令結腐虫。春初培植，若結實太繁，減三之一，否則果不大，且力過損，次年不實矣。

移接法甚多且異，然分枝接，更穩且利也。接于春初樹脉開、陽氣施時，寒日十死八九。蓋熱主生，寒主殺也。貴于日將落時，受夜露之滋，免晝熱之害。又愈近乎根，發愈速且盛。蓋愈親其生之原，愈得地力多也。又所接之枝，須美、須全、須鮮，取向東者，長不過四五寸，接時僅留二三目，以便發萌。首目切近于分處，向乎外，既接，縛之以黃蠟，塞左右空隙，外包以土，土外裹以乾草。[1]

西俗多于地外道旁，樹桑供蠶，益倍于諸樹之利。夏月桑子既熟取種播之，次輕覆以塵以草，又洒以潔水。至來春復鋤，略長，移于他地。數年後，桑不勝用也。樹葉白者細軟，宜食小蠶；黑者粗硬，宜食大蠶。黑者生絲細美，然難成；俗多種白，從其便也。[2]

壅田第九章

凡欲田腴，必多糞，多糞不如歇地，歇時于夏冬間。[3] 反土耕之，未能歇地，則于穫後，焚餘草而耕之，令灰入地脉，得雨潤，

---

[1] 嫁接時在接口使用黃蠟，似未見於中國農書。
[2] 白桑、黑桑這種以顏色區分桑樹品種的做法很少見於中國農書，中國農書多用荊桑、魯桑等稱呼。
[3] "多糞不如歇地"的觀點帶有明顯的西方特色，是中世紀歐洲農業最常用種植制度。當時的歐洲普遍采用二圃制或三圃制，二圃制即耕地一半耕種，一半休閑，每年輪換以保持地力，三圃制即每年三分之一的耕地實行休閑，但這種盛行於歐洲的耕作制度在當時人地矛盾突出的中國並不可行。

益不可言。焚草非止敗莠，亦滅蟲爲糞矣。又法，反土于冬春二時，種豆，豆長則反之，覆以土，後種麥，必有大利，省他壅焉。又法，有一種白豆，區大而苦，與麥合種，土必腴，蟲必滅，或屈而入地，苗必茂盛矣。[1]又法，撒石灰于地，非特殺草殺蟲，且能肥地。又法，取溝渠之泥，與石灰合之，令熟，播地可致大利。又法，取諸畜所籍之草半爛者，合畜之糞，積深坑，待熟，撒于地，隨覆以土。西農多用此法。[2]以上諸壅，愈新愈有力，貴月進之日焉。又法，凡地瘠者，于孟春連灌十餘次，與實壅無異。又法，夏日收道上埃塵，秋末播之新麥上。又法，收治硝者之遺土渣滓，可當善壅。又法，取乾草等物鋪路上，人畜踐之，雨露濕之，久則成糞。又法，積落葉于道旁，掘坑貯之，或以畜尿，或以雨水漚之，或單用，或合埃塵。又法，凡場圃房室道路之污泥，或治皮者所去渣毛等物，又雞鴿等禽所遺穢，及諸朽惡之積，俱足當壅。又人物之尿，爲首壅，然須浸之以水，滌之以埃或灰，庶有益無損。又法，江湖塘池之底，所生腐草淤泥之種，晒乾碎之，亦可當壅。各國有多法，不能悉述，姑拈數條，待明者類推焉。

水法第十章

水法有二。地多水，求去之；地無水，求致之。凡田自湧水，或旁注多水，致損苗。一法相地高卑，掘卑益高，則高處乾，卑處成溝，聚水或留用，欲外泄，皆可也。又法，引外來溪川之水，

---

[1] 白豆即前述白羽扇豆。
[2] 此段描述可視作當時畜牧業發達的歐洲將踏糞作爲主要肥料種類的寫照。

冲漂污泥之地，内注之水，無不從外水泄者。又法，遍種多木，木長餘濕漸消，又木根左右開長，致地墳起，又積年所落之葉，漸填水脉，不使湧溢矣。[1] 發水之地，不大不闊者，另有法，用器汲餘水，使外流，法見後。或又壘沙礫，堆薪木水中，覆以善土焉。其或無水，則用取水之法。

夫水法關于農業甚大者，以水之于地，如血之于體，體无血不活，地无水不潤也。其法有二端。一隨地勢，覓可取之水，善用之，地勢高卑、乾濕、腴瘠不等，或外引溪河湖瀆，或内掘井池。一備水器，得水多而用力寡者，西器爲妙。譯華文者數種，略見《泰西水法》，近有新出者，更省力焉。

貯穀第十一章

穀熟，月退之日割之。晒乾取粒，再晒，至極乾，藏之。藏法，地欲高，欲透風，不則易朽。地欲潔，宜醋洒之，乘熱高積，再洒免蟲患，可久存也。又法，積時雜入黍米。黍米性寒，能節穀中發熱之氣，免腐也。偶藏不善，或生蟲，曬至極乾，篩至極潔，日將落時，帶熱藏之。堆愈高，内懷之火必愈欝，蟲必速斃。數日，穀漸復涼，後不復受損矣。又法，積谷時，撒桃葉于中，取甚苦，滅内䖝，不使發。又法，取乾木炭，或石炭，遍入穀内。又法，插毛竹管于積中，内熱氣繇管出，外凉氣繇管入，穀存不朽。[2]

---

[1] 此法未見於中國農書之記載。
[2] 似爲《王禎農書》中所説的"穀䖝"。參見王禎撰，繆啓愉譯注：《東魯王氏農書譯注》，第479頁。

養牲第十二章 [1]

　　養牲，分農力者半，農之得牲力者亦半。各方所用牛、馬、騾、驢無定規，以理衡之，牛更便于他牲，何也？他牲驅使易，成功速，然不耐久勞，值肥腴、泥濕、邪陂等地，不勝任矣。牛力強，无不宜，耐久勞，食易備，疾易治，即老，皮肉可用。騾馬諸牲不及也。[2] 牛之善者，不論形之大小、美醜，擇齒幼、力健且全者，得則慎育之，勿過勞。溽暑風雨之時，非不獲已勿使焉。偶勞，以熱酒噗其口，或熱水洗其蹄尾，或乾草擦其汗，搔其污，籍草而臥，以相宜之水草喂之。更宜慎者，擇善役專治之。諸畜生豐地，不若生薄地，與山陂，以不耐勞，命短故也。牛之善者，首微，額舒，目大而黑，角短，鼻闊，耳毛，體長且厚，乳長大，毛輭密且短，色深黃，或醬油色也。

　　牡牛身欲長，不高不矮，色深黃，或近紅，背欲寬，腿欲粗，胯欲窄且圓，胸闊，首短，額廣，脛壯，目黑大，角短尖，尾長細多毛。若是者爲牡牛之良者矣。四歲始衰焉。犢生四十日後，始喂以草；六十日後，斷乳；五月後，月退日暖時騙之，騙後勿勞動，厚育之。[3] 平復，漸習之服役焉。習法以老者伴之，古言曰

---

[1] 此部分僅簡單論及相畜術，對於中西方農書中都大篇幅論述的飼養、治療等方法均略去不提，也許是出於在商品買賣中方便鑒定牲畜的考慮。

[2] 將牛放在家畜之首，與中國農業中對牛的高度重視是非常吻合的。如《陳旉農書》中就專門有"牛説"一篇，對牛在農業中的地位給出了"非牛無以成其事"的評價。參見陳旉撰，萬國鼎校注：《陳旉農書校注》，第47頁。

[3] 科路美拉（Moderatus Columella）《論農業》中就有"手術應安排在春季或者秋季月虧之時"的描述。參見 E. S. Forster, E. H. Heffner trans., *On Agriculture*, Vol II, Cambridge: Harvard University Press, 1954, p.187。

"犢學耕于老"是也。

羊之利,皮、羢、肉、乳、糞,皆厚于牛,育之尤便。相羊法,身宜大,腿宜短,腹宜多毛,尾宜闊,乳宜長。羝羊腿欲高,胯股欲廣厚,首耳欲長,目欲黑,尾欲長且闊。若是者爲羊之良。忌寒風雨雪,出牧必日高,避露霧之害,入必于日暮時。月數以鹽吹啖之,春擇日緩月退時,搔其羢;夏末復剪其毛,乳治爲膏,西國以爲大業,其法另有論。[1]

養豚有大益,无大費。身耳喙皆長者良,能多食故也。善育者必以牢,厚其需,潔其藉。多存牝,以蕃其類。牡者備用。

馬之良者,取形之不巨不微,頭小,額瘦,目黑大不溪,耳短峻而尖,口鼻長大而闊,頸不長不短,胸闊前凸,背尖竪,腿高骨大而直,胯肥而平,尾長而毛細密者,馬之良也。

驢之善者,三歲後用之,十歲止。[2] 身欲高,頸欲長,首欲大,耳長,鼻闊,胸廣,背峻,胯平,腿齊,尾短。

騾種雜,因驢與馬合,帶二性,力之強繇父,身之壯繇母。良者價高,與馬无異。牡者強于牝者,多用之以任重致遠,命更長。但牝者性順,便習農務耳。母之善者,身大,首小,頸長而曲,胸闊,胯平,肩背壯且圓,腿細,蹄小,筋多,肉寡。目圓而顯,耳長,色尚醬,或深紫,或淺黑。牡之勢不同牝,身宜實而背尖,胯匾于尾,腿粗,欲得善者,須備所繇生之種。或曰焚騾蹄,可以逐鼠,亦一益也。

---

[1] 對羊毛、乳酪等畜牧副產品的充分利用是西方農業的一大特徵。
[2] 與《農業全書》中"驢子適於在三到十歲之間使用"高度一致。參見 Owen trans., *Agricultural Pursuits (Geoponika)*, Vol. II, p. 228。

禽蟲第十三章

農有場，有圃，有池塘，多育雞、鵝、鴨、鴿等，其益必廣矣。雞尚黑色，味勝于他色，性更強，又多生卵，卵更佳；雌善于雄，兼能補益也。各方之雞有多種，線雞更美，性喜育雛。凡雞雛付線雞掌之，愛護小雛，較母更切也。[1] 喂以稷，及穀之熟者，易肥。

鵝色尚白，宜近水，宜近草場，因其得食之便也。育法：取七八卵，令雌雞抱生[2]，多于鵝抱者，雛肉更佳，有大補；冬鵝善于夏。西俗用鵝絨備袽褥，以暖于綿絮等物故。[3]

鴨與鵝無大異，但肉味更美、更益，傳類更繁、更易育，無多費也。鵝鴨冬日需粗粮，或菜果亦可食。

鴿居于高，避外虫；欲潔，免生虫，及所遺之糞；欲近水，便行浴，節內火；欲地之廣且治者，以便覓食；向南，接陽氣，避北風。冬月無外食，備內需，免亡散。春末夏初生子，先存種，餘食之。夏需黍穀，冬喂以葡萄子及麥稻之粃者。[4]

蜜蜂亦農業之一。西北諸方，棲林中枯木，或石竅中，不待人治，蜜蠟較他所更美。育之法：房喜暖静，向東，受初陽氣；避人喧，近水濱花草之地；性好潔，喜香，惡臭，忌風雨，房板

---

[1] 線雞一詞未見於中國農書。

[2] 《農業全書》的描述爲："你要選擇最大最白的鵝，你要將你的鵝圈建在水草豐美之處⋯⋯有些（蛋）需要讓母雞哺育"。參見 Owen trans., *Agricultural Pursuits (Geoponika)*, Vol. II, p.182。

[3] 此爲西方農書特有知識。

[4] 喂以葡萄籽富有西方特色，這也是本卷唯一一次提及葡萄。

造者上，土竹次之。夏末秋仲割蜜，留冬需，杜他適，勿擾之，傳類衆。預備新房于和暖之地，以香草置舊房前，迎之；分前三日，房前必喧。是時預以法備之，或以蜜酒，或以鮮乳，或以香液，洒新備之房。不止，即播揚水土以止之，或輕擊鑼鐘以追之；止則以香房引接之。夏月頻逐房中之蟲，冬月勿動，置多種甘液于房。

養蠶爲女紅首業，亦略陳之。蠶種懷于春孟，生于春仲，氣溫桑柔，取其美而鮮者，以絲必應桑故也。既生，置之潔板，先擦以醋艾等香草，籍以細嫩桑葉，欲擇美種法，置溫酒中，弃浮取沉，晒乾懷之。生而壯健易長，耐寒冷，倍蕃庶也。育處欲潔、欲静、欲暖，最忌風雨，寒濕及鼠耗；又忌人手觸，葱蒜惡氣，與雷响火炮諸喧嚻。棲板上下成列，上窄下寬，承上之落下者也。[1] 育時，初止旦晚二時，壯加午；葉以桑爲首，欲青，忌濕。前一日，擇善者拭之，白者不如黑之加力于蠶，加細于絲也。樹宜種高地，砂礫地，不宜水地；以葉濕，食之弱而易病故。將結繭，備乾枝，密排立成圍。既結繭，擇深黃與醬色者存爲種。餘置日下，内蟲死，即抽絲，毋遲也。欲多細絲，衆蠶生時，取大者、黑者及母者，另置之。結繭後，存以爲種。偶染病，密潑燒酒于地，焚香草，豬油，洒醋潔居屋及棲板以治之。[2] 遇太飽，三四日勿喂。病者除之，勿令傳染。時察屋内之氣，覺不善，暖晴之日，開窗取清氣，或多焚香料，亦足救之。

　　終。

---

[1] 棲板即是中國農書中的蠶箔。
[2] 油腥、酒醋均爲中國養蠶法中的禁忌。

索 引

人名索引

A

安弟法搦（Antiphanes） 84

盎博削，或盎伯羅㤽（St. Ambrosius） 74、94、114

盎費 113

盎滿（St. Amoun of Nitria） 120

盎納 113

奧肋略，今譯奧勒留（Marcus Aurelius） 104

奧悟斯丁，今譯奧古斯丁（St. Augustine） 131

奧悟斯多，今譯奧古斯都（Augustus） 139

B

罷辣多，今譯柏拉圖（Plato）
69、103、104、106、113、115、117、120、123、125、127、129、130、143、145、153、161

巴拉瑪搦，今譯巴門尼德（Parmenides） 124

罷西略，或罷洗略、巴西略（St. Basil of Caesarea） 92、129、160

保禄，或寶禄、葆禄（St. Paul） 19、39、42、76、92、94、114、131、152、155、161、163

比大峨，或比達卧拉、比達卧辣，今譯畢達哥拉斯（Pythagoras） 71、86、117、121、123、125、143

比德 168

比弟亞（Pythia） 119

比亞，或彼亞（Bias） 123、140

伯多禄（St. Petrus） 165

薄厄爵，今譯波愛修斯（Boethius） 143

伯兒納，或伯爾納多（St. Bernard of Clairvaux） 120、140、159

玻齊亞（Portia Minor） 94

布路大，或布路大各、伯路大哥、伯路大、伯路，今譯普魯塔克（Plutarch） 73、75、104、119、122、142

尼（Diogenes of Sinope） 70、72、99、102、108、119、128

弟呵泥恤（Dionysius of Syracuse） 136

篤彼亞，今譯多俾亞（Tobias） 111

篤肋謀，或篤肋某，今譯托勒密（Ptolemy） 130

都略，今譯西塞羅（Marcus Tullius Cicero） 104

篤瑪所，或多瑪所，今譯托馬斯·阿奎那（St. Thomas Aquinas） 122、138、155、164

D

達肋斯，今譯泰勒斯（Thales of Miletus） 115

達未得，或達味，今譯大衛（David） 111、123

德默（Demetrius of Phalerum） 130

德抹斯，或德抹、特牧斯德（Demosthenes） 99、141、144

苐阿尼（Antigonus Monophthalmos） 72

第阿日搦，或苐阿日搦、弟阿日搦、的阿日搦，今譯第歐根

E

厄罷迷（Epaminondas） 141

厄比姑樂，今譯伊壁鳩魯（Epicurus） 111

厄勒峨，或厄肋峨略、額肋峨略，今譯額我略（St. Gregory the Great） 80、119、122

厄里（Eli） 109

F

費樂，今譯斐洛（Philo） 86

斐里伯，或斐理伯，今譯腓力二

世（Philip II of Macedon） 103、
131
斐卯 113
豐所（Alfonso of Aragon） 73、79
咈濟玩（Phocion） 103

G
格肋所（Croesus） 113
故略（Caius Fabricius Luscinus）
169

J
濟禄（Cyrus） 111
加多，或加篤，今譯老加圖
（Cato the Elder） 84、119、173
加肋諾，今譯蓋倫（Galen） 137
金口聖人，今譯金口聖若望
（St. John Chrysostom） 156、160

L
理古我，或理古峨、利古兒峨、
里古兒峨、禮固爾峨（Lycurgus
of Sparta） 71、72、107、120、
168
歷山，或曆山，今譯亞歷山大

大帝（Alexander the Great） 103、
106、107、124、127、131、170
里未亞（Livia Drusilla） 81
略泥大（Leonidas of Epirus） 107
羅謨落（Romulus） 114

M
瑪辣加（Malachy of Armagh） 107
瑪施（Maximilian I） 120
美瑟，今譯摩西（Moses） 114
彌肅 170
默南 73
默囊德（Menander） 145
莫尼加（St. Monica） 80

O
歐玻（Epicharmus of Kos） 87

R
日落尼抹，或日落泥末、日落
泥抹，今譯哲羅姆（St. Jerome）
101、114、140、145
儒理亞（Julia） 86
若瑟（Joseph） 163
若味 93

S

撒羅滿（Solomon） 84、127

三算，今譯三鬆（Sanson） 84

色搦加，今譯塞內卡（Seneca）
106、107、119、143、144

山弟伯（Xanthippe） 80

束格辣德，或束格辣、格辣德，
今譯蘇格拉底（Socrates） 69、
73、80、86、102、108、117、
128

束戀，或束鶯（Solon of Athens）
108、126

蘇爾彼，或爾彼（Gaius Sulpicius
Gallus） 86

W

哇勒亞（Valeria） 93

X

洗日蒙篤（Sigismund of Luxembourg） 127

Y

亞額老（Aglaion） 170

亞兒伯多，或亞兒波（Albertus
Magnus） 112、121

亞里茀頗，或亞里斯弟（Aristippus） 104、128

亞里斯多，或亞理斯多，今譯
亞里士多德（Aristotle） 103、
116、125、127、141、157

亞瑪洗（Ramses II） 124

亞訥加 136

亞你亞（Annia） 93

亞日洗老，或亞日西老（Agesilaus） 125、137

意非加（Iphicrates） 141

意納爵，今譯依納爵·羅耀拉
（Ignatius of Loyola） 131

Z

責諾，今譯芝諾（Zeno the Stoic）
129

責撒耳（Caesar August） 161

地名索引

伯兒西亞,或伯爾西亞(今譯波斯,Persia) 110、111、124、137、170

達瑣(Thasos) 137

厄肋濟亞,今譯希臘(Graecia) 103、105、111

厄日多,或厄知多,今譯埃及(Egypt) 82、124、130

格肋達(Creta) 110

辣賣德莫納,或辣賣德末納(Lacedaemonia) 103、109、137

利濟亞(Ligura) 125

羅瑪,今譯羅馬(Roma) 120

如德亞(Judea) 109、111、127、130

亞得納,或亞德納(Athena) 102、110、124

因多 137

术语索引

陡羅日亞,今譯神學(theologia) 135

厄第加,今譯倫理學(ethica) 134

費羅所非亞,今譯哲學(philosophia) 133

非西加,今譯物理學(physica) 134

落熱加,今譯邏輯學(logica) 134

瑪得瑪弟加,或瑪得瑪第加,今譯數學(mathematica) 134

默大非西加,今譯形而上學(metaphysica) 134

參考文獻

中文文獻

〔比〕鍾鳴旦、〔荷〕杜鼎克、黄一農、祝平一等編:《徐家匯藏書樓明清天主教文獻》,臺北方濟出版社 1996 年版。

〔比〕鍾鳴旦等編:《法國國家圖書館明清天主教文獻》第二册,臺北利氏學社 2009 年版。

〔法〕伯希和編,〔日〕高田時雄校訂、補編:《梵蒂岡圖書館所藏漢籍目録》,郭可譯,中華書局 2006 年版。

〔法〕梅謙立:《晚明中西倫理學的相遇——從〈尼各馬可倫理學〉到高一志的〈修身西學〉》,《"中央研究院"中國文哲研究所集刊》2011 年第 39 期。

〔法〕梅謙立:《晚明中國的文藝復興教育——關於耶穌會士高一志〈童幼教育〉的初步研究》,《廣東社會科學》2014 年第 6 期。

〔法〕梅謙立:《超越宗教排他性——晚明天主教及許大受的反應》,《現代哲學》2018 年第 1 期。

〔法〕梅謙立:《從邂逅到相識:孔子與亞里士多德相遇在明清》,北京大學出版社 2019 年版。

〔古羅馬〕M. P. 加圖著,馬香雪、王閣森譯:《農業志》,商務印書館 2009 年版。

〔古羅馬〕M. T. 瓦羅著，王家綏譯：《論農業》，商務印書館 2011 年版。

〔古希臘〕柏拉圖著，郭斌和、張竹明譯：《理想國》，商務印書館 1986 年版。

〔古希臘〕亞里士多德著，吳壽彭譯：《政治學》，商務印書館 1965 年版。

（漢）崔寔撰，石聲漢校注：《四民月令校注》，中華書局 2015 年版。

（漢）高誘注，（清）畢沅校，徐小蠻標點：《吕氏春秋》，上海古籍出版社 2014 年版。

〔美〕許倬雲：《漢代農業：早期中國農業經濟的形成》，江蘇人民出版社 2019 年版。

（明）顧炎武撰，陳垣校注：《日知錄校注》，安徽大學出版社 2007 年版。

（明）韓霖著，孫尚揚、肖清和等校注：《〈鐸書〉校注》，華夏出版社 2008 年版。

（明）龐尚鵬：《龐氏家訓·尊禮度》，中華書局 1985 年版。

（明）沈㴶：《南宫署牘·三參遠夷疏》，《聖朝破邪集》，載《大藏經補編（28）》，臺北華宇出版社 1986 年版。

（明）宋應星著，潘吉星譯注：《天工開物譯注》，上海古籍出版社 2016 年版。

（明）許大受著，〔法〕梅謙立、楊虹帆校注，賴岳山校核：《〈聖朝佐闢〉校注》，高雄佛光出版社 2018 年版。

（明）徐光啓撰，石聲漢點校：《農政全書》，上海古籍出版社

2020年版。

（明）袁黃撰，鄭守森等校注：《寶坻勸農書》，中國農業出版社2000年版。

（明）張鵬翼：《孝傳第一書》，《課子隨筆鈔》卷三，載《叢書集成續編》第61卷，臺北新文豐出版公司1988年版。

（清）祁寯藻著，高恩廣、胡輔華注釋：《馬首農言注釋》，農業出版社1991年版。

（清）蘇弘祖：《經世名言》，《四庫全書存目叢書》子部第154冊，齊魯書社1995年版。

（清）王晫、張潮編：《檀幾叢書》，上海古籍出版社1992年版。

（清）張英撰：《篤素堂文集》卷14，清康熙刻本。

（宋）陳旉撰，萬國鼎校注：《陳旉農書校注》，農業出版社1965年版。

（宋）朱熹：《四書章句集注》，中華書局1983年版。

〔意〕阿奎那：《神學大全》第十六冊，周克勤等譯，臺北中華道明會/碧岳書社2008年版。

〔意〕高一志著，〔法〕梅謙立編注，譚杰校勘：《童幼教育今注》，商務印書館2017年版。

〔意〕高一志著，〔法〕梅謙立、譚杰、田書峰編注：《修身西學今注》，商務印書館2019年版。

〔意〕利瑪竇著，文錚譯：《耶穌會與天主教進入中國史》，商務印書館2014年版。

〔意〕利瑪竇著，〔法〕梅謙立注，譚杰校勘：《天主實義今注》，商務印書館2014年版。

〔英〕伊·拉蒙德、W. 坎寧安編，高小斯譯，王翼龍校：《亨萊的田莊管理》，商務印書館 1995 年版。

（元）王禎撰，繆啓愉譯注：《東魯王氏農書譯注》，上海古籍出版社 1994 年版。

陳江：《明代中後期的江南社會與社會生活》，上海社會科學院出版社 2006 年版。

陳剩勇：《理學"貞節觀"、寡婦再嫁與民間社會——明代南方地區寡婦再嫁現象之考察》，《史林》2001 年第 2 期。

高壽仙：《明代農業經濟與農村社會》，黃山書社 2006 年版。

郭同軒：《明代仕宦家訓思想研究》，山西師範大學碩士學位論文，2016 年。

韓琦：《中國科學技術的西傳及其影響》，河北人民出版社 1999 年版。

蒿峰：《試論明代奴僕制度》，《煙臺大學學報（哲學社會科學版）》1989 年第 1 期。

懷效鋒點校：《大明律》，法律出版社 1999 年版。

黃興濤等編：《明清之際西學文本——50 種重要文獻彙編》第二冊，中華書局 2013 年版。

黃一農：《兩頭蛇：明末清初的第一代天主教徒》，臺灣清華大學出版社 2005 年版。

金文兵：《明末地方教化"引耶入儒"的現實考量——耶穌會士高一志晚年譯著（1630—1640）背景初探》，《世界宗教研究》2012 年第 3 期。

金文兵：《高一志與明末西學東傳研究》，廈門大學出版社 2015 年版。

金豔君：《明末科技譯著〈泰西水法〉研究》，南京信息工程大學碩士學位論文，2016 年。

李奭學：《中國晚明與歐洲文學 —— 明末耶穌會古典型證道故事考詮》（修訂版），生活·讀書·新知三聯書店 2010 年版。

李奭學、林熙強主編：《晚明天主教翻譯文學箋注》，臺北"中央研究院"文哲研究所 2014 年版。

林中澤：《晚明中西性倫理的相遇》，廣東教育出版社 2003 年版。

閔宗殿：《明清時期的農業集約化經營》，《古今農業》1999 年第 4 期。

閔宗殿主編：《中國農業通史（明清卷）》，中國農業出版社 2016 年版。

那曉淩：《傳統社會以喪妻不娶爲特徵的義夫旌表》，《北京社會科學》2015 年第 8 期。

牛建强：《明代奴僕與社會》，《史學月刊》2002 年第 4 期。

譚杰：《中西德性教育思想的融合 —— 晚明傳教士高一志德性教育思想研究》，《現代大學教育》2018 年第 4 期。

譚杰：《西方倫理學的首次系統傳入 —— 高一志〈修身西學〉之來源再探》，《國際漢學》2019 年第 4 期。

譚杰：《文藝復興倫理學思想在晚明的譯介》，載陶飛亞主編：《宗教與歷史》（第十三輯），社會科學文獻出版社 2020 年版。

王申：《家學天主教化：明清時期西方齊家學在中國的傳播 —— 以〈齊家西學〉和〈家學淺論〉爲中心》，《宜春學院學報》2019 年第 1 期。

王思明：《如何看待明清時期的中國農業》，《中國農史》2014 年第 1 期。

王雪萍：《明清家訓中馭婢言論的歷史解讀》，《史學月刊》

2007 年第 3 期。

王瑜：《明清士紳家訓研究》，華中師範大學博士學位論文，2007 年。

王瑜、蔡志榮：《明清士紳家訓中的治生思想成熟原因探析》，《河北師範大學學報（哲學社會科學版）》2009 年第 2 期。

奚麗芳：《明代中後期情與兩性、婚姻關係研究》，浙江大學博士學位論文，2017 年。

曾雄生：《试论中国传统农学理论中的"人"》，《自然科学史研究》2001 年第 1 期。

曾雄生、陳沐、杜新豪：《中國農業與世界的對話》，貴州人民出版社 2013 年版。

張西平等編：《梵蒂岡圖書館藏明清中西文化交流史文獻叢刊》（第一輯），大象出版社 2014 年版。

趙軼峰：《身份與權利：明代社會層級性結構探析》，《求是學刊》2014 年第 5 期。

周振鶴編：《明清之際西方传教士汉籍叢刊（第一輯）》第二册，鳳凰出版社 2013 年版。

西文文獻

Aquinas, Thomas, *Commentary on Saint Paul's Epistle to Ephesians*, trans. Joseph Kenny O. P., Albany, N. Y.: Magi Books, 1966.

Aquinas, Thomas, *Sententia libri Ethicorum*, Rome: Ad Sanctae Sabinae, 1969.

Aristotle, *Politics*, trans. Benjamin Jowett, Cambridge: Harvard University Press, 1944.

Becadelli, *Dichos y hechos notables, graciosos y elegantes del sabio rey don Alonso de Aragon*, Anvers, 1554.

Becanus, Martinus, *Summa theologiae scholasticae*, Paris: Chappelet, 1612.

Bellarmine, Robert, *De Laicis, or the Treatise on Civil Government*, trans. K. E. Murphy, New York: Fordham University Press, 1928.

Chan, Albert, *Chinese Books and Documents in the Jesuit Archives in Rome: A Descriptive Catalogue*, New York: M. E. Sharpe, 2002.

Costello, Frank, *The Political Philosophy of Luis de Molina*, Rome: IHSI, 1974.

Du Halde, Jean-Baptiste, *Description géographique, historique, chronologique, politique, et physique de l'empire de la Chine et de la Tartarie chinoise*, Tome 2, Paris: P. G. Le Mercier, 1735.

Dunne, George, *Generation of Giants*, Indiana: University of Notre Dame press, 1962.

Erasmus, Desiderius, *Apophthegmatvm Ex Optimis Vtrivsqve Lingvae Scriptoribvs*, Venezia, 1590.

Erasmus, Desiderius, *Collected Works of Erasmus*, trans. Roger Aubrey Baskerville Mynors, Toronto: University of Toronto Press, 1978.

Forster, E. S. and Heffner, E. H. (trans.), *On Agriculture*, Vol II, Cambridge: Harvard University Press, 1954.

Foucault, Michel, *The Hermeneutics of the Subject*, New York: Picador, 2004.

Gellius, Cornelius, *Attic Nights*, trans. J. C. Rolfe, Cambridge: Harvard University Press, 1927, revised edition 1946.

Gregory the Great, *Moralia in Job*, Oxford: Parker, 1844.

Höpfl, Harro, *Jesuit Political Thought: The Society of Jesus and the State, c. 1540-1630*, Cambridge: Cambridge University Press, 2004.

Laertius, Diogenes, *Lives of Eminent Philosophers*, trans. R. D. Hicks, Cambridge: Harvard University Press, 1925.

Lang, Joseph, *Polyanthea nova*, Frankfurt, 1604/1607.

Lessius, Leonard, *De iustitia et iure*, Leuven: Masius, 1605.

Li, Sher-shiueh and Meynard, Thierry, *Jesuit Chreia in Late Ming China: Two Studies with an Annotated Translation of Alfonso Vagnone's Illustrations of the Grand Dao*, Bern: Peter Lang, 2014.

Lycosthenes, Conradus, *Apophthegmata ex probatis Graecae Latinaeque lingua scriptoribus*, Lyon, 1614.

Maximus, Valerius, *Memorable Deeds and Sayings*, trans. S. Speed, 1678.

Melissa, Antonius, *Loci Communes*, in Jacques Paul Migne, *Patrologia Graeca*, Paris: Classiques Garnier, 1865, vol. 136.

Migne, *Patrologiae latina cursus completus Series latina*, Paris, 1845.

Molina, Luis de, *De iustitia et iure*, Cuenca, 1593.

Needham, Joseph, *Science and Civilisation in China, Volume 6, Part II: Agriculture*. by Francesca Bray, Cambridge: Cambridge University Press, 1984.

Nieremberg, Juan Eusebio, *De arte voluntatis*, Paris, 1639.

Owen, Thomas (trans.), *Agricultural Pursuits (Geoponika)*,

London, 1805-1806.

Perictyone, *On the Duties of a Woman*, in *The Pythagorean Sourcebook and Library*, trans. Kenneth Sylvan Guthrie, Grand Rapids: Phanes Press, 1987.

Philo, *The Works of Philo*, trans. Charles Duke Yonge, London: Henry Bohn, 1854.

Plutarch, *Advice to Bride and Groom,* in *Moralia*, trans. F. C. Babbitt, Cambridge: Harvard University Press, 1928.

Plutarch, *Lives*, trans. Bernadette Perrin, Cambridge: Harvard University Press, 1982.

Plutarch, *Sayings of the Spartans*, in *Moralia*, trans. F. C. Babbitt, Cambridge: Harvard University Press, 1931.

Pseudo Aristotle, *Economics*, trans. Cyril Armstrong, Cambridge: Harvard University Press, 1935.

Pseudo Caesarea, Basil of, *Admonitio ad filium spiritualem*, in *The Heroic Age: A Journal of Early Medieval Northwestern Europe* 13, 2010. https://www.heroicage.org/issues/13/lepree2.php

Schaff, Philip (ed.), *Letters and Select Works*, Nicene and Post Nicene Fathers 2, Grand Rapids: Christian Classics Ethereal Library, 1899.

Schaff, Philip (ed.), *Nicene and Post-Nicene Fathers*, Second Series, Vol. VI Jerome, New York: Cosimo Classics, 2007.

Schmitt, Charles (ed.), *The Cambridge History of Renaissance Philosophy,* Cambridge: Cambridge University Press, 1988.

Seneca, *On Anger*, in *Seneca's Morals*, trans. Roger L'Estrange, Chicago: Belford, 1882.

Settala, Ludovico, *De ratione familiae*, Ulm: Jo. Frid. Gaum, 1755.

Suárez, Francisco, *De opera sex dierum*, in *Summae theologicae*, Lyon: Horace Cardon, 1620.